"動物の精神科医"が教える

犬の咬みグセ解決塾

獣医師
(獣医行動診療科認定医)
奥田順之

はじめに――愛犬に咬まれるって本当に辛い

愛犬家のみなさんは、愛犬との絆を築き、信頼しあって、共に幸せに暮らしたいと思っているのではないでしょうか。

しかし、実際には、そうした理想的な関係を築いている家庭ばかりではありません。愛犬が飼い主さんに向かって唸る、牙を剥く、時には犬歯が刺さるほど咬むことは、珍しいことではありません。

私は、岐阜県で「ぎふ動物行動クリニック」という行動診療科専門の動物病院を開業し、犬猫の問題行動を専門に診察しています。最近では、メディア等で「動物の精神科医」などと呼ばれることもあります。そのため、毎日いろいろな飼い主さんからの相談を受けていますが、症例のなかでもっとも多いのが「飼い主を咬む」こと、すなわち、家族への攻撃行動です。

心から愛している愛犬に咬まれるのは、体だけでなくココロも痛い。ココロが痛いのは、飼い主さんが「自分のしつけが悪かった」と、自分を責めてしまうからではないでしょうか。

何を調べるにもまずインターネットが使われる現代。愛犬に咬まれた飼い主さんの多くが、「咬む犬のしつけ」で検索されるでしょう。すると、

「飼い主がリーダーになる！」

「咬んだらマズルをつかんで叱る」

「上下関係をわからせる」

といった情報がたくさん出てきます。こうした情報を目にしてしまうと、

「上下関係を教えられなかった」

「甘やかしてしまったのかもしれない」

のように、自分を責める言葉がたくさん浮かんでくるのではないでしょうか。

しかしながら、犬の咬む行動を「しつけの問題」や「上下関係の問題」だけで理解することはできません。

そもそも、犬と人は、絶対的な上下関係を築くような生き物ではありません。

犬が咬む行動をとるのは、「劣悪な環境下での繁殖育成」の問題や、「社会化の欠

如」の問題、先天的・後天的な「脳機能」の問題、「身体疾患による身心の不調」などが関係しており、多くは、「不安や恐怖」が背景に存在し、咬むことで恐怖や不安から逃れることができたという「負の強化の学習」を積み重ねた結果によるものなのです。

特に、脳機能の問題や、身体疾患による不快感から咬むというのは、しつけの問題とは全く違う話です。犬が咬むというのは、しつけの問題だけではなく、脳や身体の病気も大きく関与しているのです。

そして、その改善には、身体疾患の治療、動物福祉の5つの自由の確保、行動修正、薬物療法などの対応が必要となります。上下関係をわからせるために馬乗りになる必要はどこにもなく、むしろ恐怖を強め、攻撃行動を悪化させてしまいます。

私は、咬む犬の飼い主さんに常にお伝えしていることがあります。それは、「今日からは自分を責めるのはやめてください。もちろん、飼い主さんが変わる必要もあります。それでも、愛犬が咬むようになったのは、100%あなたのせいなんてことはない。そして愛犬のせいでもない」

ということです。

犬の問題行動をテーマにした本は多数出版されていますが、そのほとんどが「しつけ」・「トレーニング」の観点から書かれています。私自身、書店のペットコーナーによく出向きますが、「獣医臨床行動学」の観点から、「犬が咬む行動」に着目して、その原因に迫っている本に出会うことはまずありません。前者は「しつけの本」であり、後者である本書は問題行動の「治療の本」です。一般の方から見れば似た分野に思えるでしょうが、実は大きな違いがあります。

一般的なしつけ本では、心身共に健康な犬をどのようにしつけるかについて論じられています。しかし、問題行動は心身の不健康から生じていることが少なくありません。その発生原因を掘り下げる部分は、しつけの分野ではなく、獣医臨床行動学が得意とする分野です。

心身共に健康な子犬の遊び咬みであれば、一般的なしつけが有効ですが、成犬の咬み付きについてはそうはいきません。そして同時に、犬の咬み付きは、犬だけの問題で起こっているわけではありません。

家庭で暮らす犬のあらゆる行動は、家族の行動との相互作用のなかで発生しています。咬む問題も同じく、家族の関わり方、飼い主の心理によっても大きく影響を受けます。この本では、犬が咬む原因とその考え方について、できるだけわかりやすく解説し、咬む行動を根本から直すためのヒントをお伝えすることを目的としました。

一点だけお願いがあります。血が出るほどの咬み付きがある、犬に恐怖を感じている、咬む力は強くないが子どもや高齢者が咬まれる危険性があるなど、咬み付きのリスクが高い場合、必ず専門家の助けを借りてください。絶対に、見よう見まねでやめさせようとしないでください。

この本を読んで知識を取り込んでも、１００％咬みグセを直せるわけではありません。この本を読むことで、専門家の助けを受けやすくなる、専門家の言っている意味を理解しやすくなる、というくらいに考えてください。絶対に無理は禁物です。

この本を通じて、一組でも多くのご家族と愛犬たちが、心穏やかな生活を送れる手助けができれば幸いです。

謝辞

　私は、ぎふ動物行動クリニックにおいてひとりで診察しているわけではありません。元々は、「ドッグ&オーナーズスクール ONE life」というしつけ教室から始まりました。トレーナーと二人三脚ではじめ、さまざまなことをディスカッションし、教えてもらいながら、今に至ります。

　共に ONE Life を立ち上げた、田中利幸トレーナー、原田浩光トレーナー、二人の存在がなければ、本書はありません。心より感謝申し上げます。そして、今を支えてくれているスタッフのみんなありがとう！

　ONE Life、ぎふ動物クリニックでは、これまでのべ1万5000組を超す、犬と飼い主さんにレッスン・診察にお越しいただき、犬たちから、飼い主さんたちからたくさんのことを教えてもらいました。診察のなかで学ばせていただくことも多くありました。お越しいただいたすべての飼い主さんたち、犬たちに、感謝申し上げます。

本書執筆にあたって、お声掛けいただき、なかなか原稿が仕上がらないなか、辛抱強く伴走していただいた、ワニブックスの大井隆義さんに感謝申し上げます。

二人の息子がなかなか寝ないなか、原稿執筆を応援し、背中を押し、常に締切を意識させ続けてくれた妻の奈美、時折本書の内容にも登場してもらった息子の理生と歩生の三人に、ありがとうを言いたいです。

そして、愛犬のさぶ、しん、そして獣医になるきっかけを与えてくれたコロに感謝です。

最後に、本書を手にとってくださったあなたに、心から御礼申し上げます。少しでもあなたの役に立てたのなら、こんなに幸せなことはありません。

“動物の精神科医”が教える
犬の咬みグセ解決塾
——目次

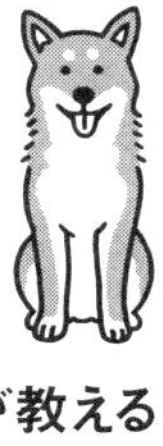

第2章 犬の心の発達と問題行動

第3章 咬みつきの原因は「脳」にあり

第4章 犬にとっての「ストレス」とは何か？

第5章 攻撃行動はいかに学習されるのか？

第6章 「遊び」咬みの解決法

第7章 「本気」咬みの治療法

第1章

犬のしつけの迷信と真実

咬む行動には理由がある

咬む犬に対するしつけに関しては、さまざまな俗説が聞かれます。

「咬む犬には上下関係を教えないといけない」

「リーダーウォークが大切」

「咬まれたら、手を口の中に押し込め！」

よく聞くこのようなアドバイスは、本当に咬む行動を解決できるのでしょうか？　結論からいいますと、これらの俗説を信じて対応することは、意味がないばかりか、攻撃行動を悪化させることすらあります。

もちろん、たまたまうまくいく場合もありますが、深刻な攻撃行動に対しては、大抵はうまくいきません。その理由は犬が咬む行動の原因に目を向けていないからです。犬が咬む原因はひとつではなく、多様な要因が絡み合っており、改善には、それぞれの要因に合わせた対応を行う必要があります。咬む原因に目を向けずに、「咬む犬には○○をすればいい」という、短絡的な対応をしても、咬み付きが改善されることは稀です。

たとえば、車が動かなくなった時、エンジンが悪いのか、タイヤが悪いのか、電気系統が悪いのか、バッテリーが悪いのか、わからずに対処するエンジニアはいません。

犬と人の関係も同じです。犬が咬む、人が咬まれるという関係は、決して良い共生関係とはいえません。その共生関係の破綻がどのようにして起こっているか、その原因もわからずに、「リーダーウォークで上下関係を教える」という対処をしても、エンジントラブルで動かない車のタイヤ交換をするようなものです。

咬む行動には理由があります。それもとても多くの要因があり、親犬からの遺伝、胎児の時の発達、母犬の子育ての仕方、社会化などの発達の問題や、脳や身体の疾患が関わっていることもあります。

そして、どんな攻撃行動でも、飼い主との相互学習の影響は大きいといえます。そのうえ、それぞれの家庭において、それぞれ独自の学習が起こっています。それぞれの攻撃行動は、個々の環境で多様な要因が積み重なって発生しています。これらの要因を知らずして、攻撃行動への対処はできないわけです。

「犬による家族の順位づけ」は迷信

「犬は家族に順位をつけて、自分が上に立つから咬むんでしょ？」という話は、飼い主さんからよく聞きますし、半ば常識化しているような気がしますが、この話は迷信だということはご存知でしょうか。

犬の群れでは、階層的な順位関係が観察されないことが、野犬の群れの観察から見出されています。犬同士ですら明確な順位をつけないのですから、人と犬の間で順位を付けるというのは論理が通りません。さらにその順位を理由にして、犬が上位だから、下位の家族を攻撃するという考え方はとても無理があります。

では、この順位づけの迷信はどこから生まれたのでしょうか。

これはオオカミの行動研究を犬に当てはめて考えたことに起因しています。従来、オオカミの行動観察は、飼育下での行動を中心に研究されてきました。

飼育下のオオカミの群れでは、社会的階層構造が築かれることが知られています。群れの最上位の個体のことをα（アルファ）、その次の個体をβ（ベータ）、その次をθ（シータ）と呼称し、食事の摂取や心地よい寝床の使用など、資源が競合する場面で、順位が上の個体が優先権を持つことが観察されています。そして、群れのなかはαの座を巡って常に緊張関係にあり、順位関係の挑戦に基づく攻撃行動が観察されたため、オオカミの群れでは、直線的で絶対的な順位関係が存在すると考えられてきました。

しかし、近年、野生のオオカミの群れを観察した研究によって、この考えは覆されました。野生のオオカミの群れは基本的に血縁のある家族であり、両親と子どもたちによって構成され、直線的で絶対的な順位関係はなく、親や若い個体が、幼い子どもに食餌を与えるなど、互いに支え合いながら生活していることがわかってきました。

「犬は家族との間に序列を作る」という話は、従来の絶対的順位関係を作ると考えられてきたオオカミ像を、犬に当てはめて考えるようになったことがきっかけでした。オオカミの群れのように、人と犬の間でも、人が犬のαにならなければならない、人が犬の絶対的上位者にならなければならないという考え方が広まったのです。

さらに、この考えを攻撃行動に当てはめたものが、アルファシンドローム（権勢症候群）です。アルファシンドロームは、犬が認識している自らの社会的順位が脅かされることによって生じる、もしくはその順位を誇示するためにみせるとして定義されてきました。たとえば、犬が何か自分にとって嫌なことが起こりそうになった時、食べ物など良いものを取られそうになった時、ソファなど気持ちの良い寝床からどかされそうになった時などに、家族に対して攻撃する状態を指し、その原因について、犬が家庭内でαになってしまったためだと解釈されていました。

犬をαにしてはいけない、飼い主がαにならなければならないという考え方は旧来行われてきた体罰を用いる強制的なトレーニングを正当化し、また、飼い主にそうしたトレーニングを指導するうえで、都合のいい考え方でした。そのうえ、オオカミが順位を作り、犬も同じように順位を作るという話は、正しいかどうかは別として、専門家や飼い主にとってわかりやすかったため、世界的にもてはやされました。そして、日本では今でも信じられているという状況です。

しかしながら、野生のオオカミの群れの観察で、α理論の根拠となっている従来のオオカミ像が否定されたうえに、オオカミと犬の行動も大きく異なっていることがわかっている現在、α理論を、人と犬の関係を説明するために用いることは不適切であると考えられています。

かつて、アルファシンドロームと診断された犬でも、あらゆる場面で攻撃的になるわけではなく、攻撃的になる場面では、フードを守る、居場所を守る、触られるのが嫌・怖い等、それぞれに特定の原因が存在します。このことから、個別の場面では個別の動機づけを分析する必要があり、序列関係を攻撃行動の原因と考えることは適切ではないという考え方が、行動学者の間でも一般的になっています。

「犬が上に立っているから咬むんだ」という指摘は、根拠のない、迷信なのです。

問題行動とは何か？

そもそも問題行動とは何を指すのでしょうか。実は「犬が咬む行動＝問題行動」と考えるのは間違っています。

たとえば、同じ咬み付きでも、ロープに咬み付いたら、問題行動ではないでしょう。人の手でも必ずしも問題行動とはいえません。飼い主が、手をおもちゃにして咬ませていた場合、そしてそれを飼い主が望んでやっている場合、問題行動とはいえません。

また、「問題行動＝異常な行動」でもありません。犬の問題行動とは、「飼い主や家族や周囲の人が問題と感じる犬の行動」と定義されます。ですから、犬の正常な行動でも問題行動になることはあるし、犬にとって異常な行動でも問題行動と認識されない場合があります。

子犬の遊び欲求を動機づけとした咬みつき（以下、遊び咬み）はまさにその典型例です。子犬は正常な発達段階で、口で物を掴むなど、口を使って遊ぶことを覚えます。子犬の口は人間の手のようなものであり、何かにアクセスする際の道具となります。子犬は人とのコミュニケーションにおいても口を使い、目の前に出された手を口で捕らえようとします。ですから、遊び咬みは子犬にとっては正常であたり前の行動であるにもかかわらず、人にとっては手が傷つくために問題行動と捉えられます。

咬みつき以外の例では、子犬のトイレの失敗もそのひとつです。絨毯は水分を吸収しやすく、子犬にとっては排泄に都合のいい場所です。子犬は正常な排泄行動を取っているにもかかわらず、飼い主からすれば問題行動です。

成犬の深刻な強度の咬み付きですら、一部は正常行動に含まれます。何かを守る、あるいは、何かを得るために、咬み付く行動を取ることは、犬にとっては正常な行動レパートリーのひとつです。知らない人にいきなり抱っこされたら、どんな犬でも自分の身を守る

ために逃げようとし、場合によっては咬もうとします。自分の身を守ろうとすることは、動物にとって自然な行動です。決して異常な行動ではないのです。

一方、飼い主という普段から生活を共にしている相手に対して、体罰などの明確な脅威を感じる状況がないにも関わらず、犬歯が刺さるほどの怪我を負わせるほど咬み付くというのは、行動の程度としては過度であるといえます。

本来、犬は社会的な動物であり、できるだけ直接的な闘争を避けようとする生き物です。状況によりますが、飼い主に対して頻繁に犬歯が刺さるほど咬み付くというのは、正常な範囲を逸脱している可能性があります。

また、柴犬によく見られる自分の尻尾を追う行動は、異常な行動に分類されます。ほとんどの尾追い行動は葛藤が生じた際に起こる葛藤行動です。そして、一部の柴犬では、尻尾を追う行動が長時間断続的もしくは持続的に発生し、正常な行動の発現が阻害される状態にまで発展したり、尻尾を咬みちぎってしまう自傷行為まで発展してしまう場合があります。

しかしながら、異常行動であっても、飼い主にとっては「遊んでいるだけ」と捉えられることも少なくなく、問題と認識されていない、つまり、飼い主から見たら問題行動ではないこともあります。

問題行動の分類

犬の問題行動、つまり、「飼い主や家族や周囲の人が問題と感じる犬の行動」は、その行動が犬の正常行動であるか、異常行動であるかという観点から、大まかに3種類にわけられます。

①正常行動による問題行動
（例）・子犬の遊び咬み
・じゅうたんの上での排泄
・散歩の引っ張り

②正常行動だが、行動の強度頻度が異常な問題行動
（例）・雷雨・音恐怖症（雷や花火の音を異常に怖がり、危険な種のパニックに陥るもの）
・全般性不安障害（常に落ち着かず、小さな物音にも警戒して吠える等の不安行動が見られる状態）
・強い不安や恐怖症、高い過敏性を背景に持つ攻撃行動

③異常行動による問題行動
（例）・常同障害（尻尾を咬みちぎる・毛を引き抜く）
・てんかんによる問題行動

問題行動＝しつけの問題と捉えられがちですが、純粋にしつけの問題といえる問題行動は、①だけです。①は正常行動を飼い主が管理できていない＝しつけができていない問題であり、人間とうまく生活できるように環境を設定したり、人間と生活する上でのルールをわかりやすく犬に伝えれば（俗に言われるしつけとはこのことですが）問題は解決します。

一方②は、犬の不安傾向が強かったり、動物福祉状態が悪かったりすることを素因として、学習により行動の頻度や行動の強さが異常なほど強く、あるいは異常な頻度になることによって形成されます。

②は、単純に生活ルールを教えればどうにかなる問題ではありません。トイレが定まっていない犬にトイレの場所を教えることと、音に対して敏感で音への恐怖から吠えている犬にその音が安全であることを教えることは全く異なります。前者は特定の行動を教えるだけですが、後者は不安を取り除く必要があります。さらに、不安を感じている理由が身体の疾患による可能性もあります。もちろん、不安以外のさまざまな情動（感情の動き）も関与することがあります。

そして③は、そもそも異常行動ですから、まずその異常の原因を除去しなければなりません。当然、しつけの問題ではありません。異常行動の発生にはさまざまな要因が考えられますが、遺伝的な要因、不安傾向の気質、持続的なストレス状態によっても異常行動を発現することがあります。

このように、問題行動は、単純にしつけの問題として片付けられないものが多く含まれるのです。

そもそもしつけって何？

問題行動の多くはしつけの問題ではないと書きましたが、そもそもしつけとは何を指すのでしょうか。

私が考えるしつけとは、「犬と人が社会的に安全に・安心して暮らせるように、社会通念や倫理観に照らして、飼い主が決めた生活上必要なルールを守るための行動を飼い主が犬に学習させ、犬が自発的にその行動を実施できるようにする過程」のことです。

生活上必要なルールとは、ハウスと言ったらハウスに入る、座敷の部屋には入ってはいけない、机の上には乗ってはいけない、散歩の時は引っ張らないといったルールです。飼い主が何も指示しなくても、犬がこれらのルールを理解して自発的に行動することができるようになれば、しつけができたといえるでしょう。

「飼い主が決めた生活上必要なルールを、犬に学習させ、自発的に実施できるようにする」ためには、その前提として、犬が健康でなければなりません。心身共に健康でない時に通常のルールを適用するのはフェアではありません。

たとえば、膀胱炎で頻尿の犬に対して、「家のなかで排泄してはいけない。1日4回庭に出すからその時に排泄する」というルールを適用するのは酷です。同様に、首輪を掴まれることに過度の恐怖を抱いている犬に、「首輪を持つ時はじっとしている」というルールを適用することは酷です。両者ともまず必要なのは、膀胱炎の治療や恐怖の緩和であって、これはしつけではありません。

このように、身体の疾患によって問題行動が発生することは少なくありません。普段はなんともないようなことでも、苦痛が伴っていることで、痛くて咬むということもあるのです。

犬の問題行動が正常行動の場合、しつけによって生活ルールを学習させることで問題を解決することができます。一方、犬の問題行動が正常行動でない場合、その直接の原因を除去したり、その原因によって引き起こされる問題を緩和したりすることが優先されます。正常な行動であれば〝しつけ〟で対応できますが、そうでない場合は、現在の問題行動を引き起こしている原因を探るための〝診断と治療〟が必要になってきます。

何よりもまずは動物福祉の確保

膀胱炎や恐怖のように、問題行動が犬の心身の不健康から生じることは少なくありません。問題行動の改善を考えるとき、しつけ以前の問題として、犬が健康で正常な心と身体を有しているかどうかがスタートラインになります。

このスタートラインを考えるうえでのキーワードが「動物福祉」です。動物福祉とは、その動物が、心も身体も快適な状況で生活できている状態、またそのような状態で生活できるように配慮することを指します。

動物福祉には5つの自由という概念があります。動物に良き福祉を提供するためには、「飢えと渇きからの自由」「痛みと疾病からの自由」「不快な環境からの自由」「恐怖や苦悩からの自由」「生まれもった行動を表現する自由」の5つの自由を確保することが必要であるという考え方です。

動物福祉が侵害されている動物は、異常行動を起こしやすくなります。たとえば、長期間十分なフードを与えられていなかったり、新鮮な水を与えられていなかったりすれば、「飢えと渇きからの自由」が侵害された状態といえます。そうした飢餓状態では、フードや水に対して異常に執着し、食物関連の攻撃性が高まるかもしれません。

病気で痛いところがある動物は、「痛みと疾病からの自由」を侵害された状態です。そうした場合、痛みから触られることを極度に嫌がることがあります。

一日中ケージに閉じ込められて、歩く、走る、伸びをする、匂いを嗅ぐなどの行動が表現できなければ「生まれもった行動を表現する自由」が侵害されます。やがて欲求不満から葛藤が強くなり、ケージから出た時に興奮して、攻撃的になることがあります。

このなかでも、多くの犬が満たされていないのが、「生まれもった行動を表現する自由」です。普段から留守番が長く、刺激の乏しい環境にいる現代の犬は、暇を持て余しています。暇だからこそ、何かやりたい欲求が高まり、家やケージを破壊してみたり、家の外を通る人に過剰に吠えたり、飼い主に咬みついて関心を引こうとしたりといった問題行動を発生させるようになります。

そして、「恐怖や苦悩からの自由」についても、人が犬の上に立つことを目的とした体罰的なしつけ等によって、侵害されることは少なくありません。この点については後述します。

身体の病気で起こる攻撃行動

忘れてはならないのが、身体疾患も攻撃行動の原因となることです。人間でも身体が不調な時は、元気がなくなり、イライラします。

我が家は4人＋2匹家族で、今、3歳と1歳の人間の息子たちがいますが、いろいろやんちゃをします。ご飯をこぼしたり、お茶をこぼしたり、おもちゃで叩いてきたり、おもらししたり、ウンチを隠したり、ちょっとしたことでギャーと叫んでみたり、挙げればキリがありません。この二人を観察していて思うのが、やはり眠い時は機嫌が悪いということです。

上の子の場合、アトピー性皮膚炎なのですが、眠くなると痒くなります。痒くなっている時に着替えさせようとしたり、抱っこしようとしたりすると「パパ嫌い！」と言って、攻撃してきます。この攻撃は遊び関連性攻撃行動ではなく、葛藤を伴う、防衛的な攻撃行動であると判断しています。人間には犬のような鋭い牙はないので暴れるだけですが、場合によっては噛み付いてきます。犬だったら、流血しているかもしれません。

人間だったら、病気が行動に影響するということは想像に難くないですが、犬の場合、意識していないと、身体疾患が攻撃行動の要因となるということが抜け落ちてしまいます。身体疾患による痛みや不快感から、攻撃行動が発生している例も少なくありません。

突然咬むようになってしまい、しつけの問題と思っていたけれど、実は椎間板ヘルニアが原因だったということもあります。「攻撃行動＝しつけの問題」と決めつけてしまえば、身体の問題を疑うことができなくなってしまいます。これは、プロのトレーナーや獣医師でも陥りがちな失敗です。

そのため、獣医臨床行動学では、問題行動の診断の際に、まずは身体疾患の除外から入ることを前提としています。攻撃行動の改善に、トレーナーだけでなく、獣医師が関わるべき理由がここにあります。

問題行動の発生に身体疾患が関与する場合、身体疾患だけがすべての原因になっている場合だけでなく、身体疾患があることで、問題行動が悪化してしまっている場合もあります。

感染症やアレルギーなどによって起こる皮膚の痒み、外耳炎などの不快感、胃腸の不快感、関節の疾患による慢性的な痛みは、特に攻撃行動につながりやすい印象があります。その他には、甲状腺機能低下症や副腎皮質機能亢進《こうしん》症などのホルモンの異常、中毒、特定の栄養不足なども攻撃行動の要因となることがあります。

毎年5月～6月ごろに攻撃行動を繰り返している犬を複数頭診ていますが、その時期に外耳炎や皮膚の痒みが強くなり、それが原因となっていることがあります。そうした犬は、普段から耳掃除ができない場合もありますが、少しでも痒そうにしていたら、放置せずにすぐに適切な対応をして不快感を緩和することで、攻撃行動の発生も予防することができるでしょう。あるいは、下痢や嘔吐などの消化器症状と攻撃行動が同時に発生することもあります。

このように身体疾患に関連して攻撃行動が発生している場合、「しつけ」によって攻撃行動を治すことはできません。まずは身体疾患を治療することが先決です。痛みや違和感がなくなれば、自然と咬まなくなることも少なくありません。

ただし、身体疾患が治癒したとしても特定の場所が痛かった記憶や、咬めば嫌なことを避けられるという経験自体は学習されています。そして、その学習は身体的な不快感がなくなった後も攻撃行動発生の要因のひとつになります。

いずれにせよ、攻撃行動の改善では、しつけの問題と決めつける前に、身体疾患を疑い、その原因を精査することが必要です。

脳機能の異常による攻撃行動

身体的な疾患が見当たらなかったとしても、「しつけ」の問題とは限りません。その理由は、脳の機能が正常ではない状態に陥っていることもあるからです。

人間では、うつ病、統合失調症、不安障害など、さまざまな精神疾患＝心の病が知られています。なかでも、うつ病は心の風邪と称され、日本では１００万人以上がうつ病と診断されています。

うつ病は、個人の遺伝的特性やストレスなどによって引き起こされる病気で、「憂うつで気分が晴れない」「何事にもやる気がでない」といった症状が一日中続き、気分の切り替えができない状態が一定期間以上続く状態を指します。うつ病では、持続的なストレスによって、脳内神経伝達物質の枯渇や、脳神経の萎縮が起こり、脳の正常な抗ストレス作用を発揮できなくなっていると考えられています。

このような状態は犬にも起こり得ます。その犬の遺伝的特性や、持続的なストレスによって、人間のうつ病同様に、脳内神経伝達物質の枯渇や、脳神経の萎縮が起これば、犬が恐怖や不安を感じやすくなったり、衝動を抑えきれなくなったりすることが考えられます。

人間の脳には多様性があります。たとえば、脳内神経伝達物質のひとつであるセロトニンの受容体にはさまざまな形があり、その形によって、バンジージャンプやスカイダイビングなどの危険なことでもチャレンジしたくなる人と、そうした危険なことは遠慮したいという人に分かれる傾向があるといわれています。いわば性格の違いです。

また、発達障害では、社会生活に支障をきたすコミュニケーション障害が見られる一方で、特定の感覚が鋭い、特定の分野に対して人並み外れた能力を発揮できるなどの特性を併せ持つことが少なくないことが知られています。

このような多様性は、動物にも当てはまると考えられます。まだ詳しく研究されている段階ではありませんが、少なくとも皆が同じ脳をもっているわけではないことだけは確かです。外見的に正常な脳をしていても、機能的に社会的なコミュニケーションに障害がある脳をもって生まれる犬もいるわけです。

そうした多様性が攻撃行動の原因になることもあると考えられます。先天的に聴覚が敏感な犬は、音に関連した問題行動を発現しやすくなり、先天的に触覚が敏感な犬は、抱っこされることを嫌がる可能性が高いです。脳の機能の障害としてはてんかん発作もそのひとつです。詳しくは第3章で述べますが、問題行動のある犬の脳波を調べると、多くの犬でてんかんを持つ犬に特徴的な脳波が検出されたという研究もあります。

犬の攻撃行動は、単にしつけの問題ではなく、身体疾患や、脳機能の問題も関連する問題行動であり、そうした視点から原因を究明し、適切な対策を打つ必要があるのです。

飼い主との相互学習

ここまでの話から「なんだ、犬が異常だから、咬むのか」と思うかもしれませんが、必ずしもそうではありません。身体機能や脳機能に異常がある場合は、そのケアを先に実施すべきですが、身体機能や脳機能が正常でも、攻撃行動は発生します。逆に身体機能や脳機能に異常があっても、必ずしも攻撃行動は発生しません。

なぜなら、犬の攻撃行動は、ほぼ必ず学習が関係してくるからです。そして、犬は飼い主との相互関係のなかで学習をします。犬の行動に対して、飼い主がどのように反応するか犬は常に見ていて、飼い主の反応次第で、自分の行動を選択します。犬は自分ひとりで学習するのではなく、飼い主との間で相互学習をし、良い行動も悪い行動も、飼い主のフィードバック次第で増やしたり減らしたりしています。

しつけ教室を運営していると、多頭飼いの飼い主も少なくありません。その家族を観察していると、同じ飼い主が飼う犬は、毎回同じ問題行動が発生しているという光景を目撃します。

たとえば、散歩の時に歩かない（リードが張ると止まってしまう）行動は、同じ飼い主の犬に起こることが多いです。これは、特定の状況における飼い主のリアクションが同じだから、すべての犬が同じ行動を覚えていると考えられます。

散歩中に急に止まってしまう犬の飼い主は、リードが張ると「犬が苦しそうで可愛そう」と感じ、一緒になって立ち止まっていることが考えられます。犬は、自分の嗅ぎたい匂いがあると立ち止まり、それに合わせて飼い主も立ち止まるため、犬は自分の嗅ぎたい匂いを嗅ぐことができます。匂いを嗅げたことは犬にとって楽しいことなので、立ち止まる行動を強化させていきます。

逆に、散歩中にリードが多少張ってしまっても気にせずマイペースで歩く飼い主の場合、犬は立ち止まっても匂いを嗅ぐことができませんから、飼い主が歩いているうちはついて歩こうとする意識が高まります。こうした学習は、飼い主のリアクションに依存して起こっているので、二頭目を迎えた時に、犬が変わっても同じような行動が起こると考えられます。

攻撃行動も同様に、どのような触り方をするか、どのようなフードの与え方をするか、体罰的なしつけを行うかどうか等によって、犬が飼い主との間に不安や不快を感じるかどうかが決まります。そして、犬が攻撃的になった時の飼い主のリアクション次第で、攻撃行動が強化されていきます。

子犬の時から、抱っこされることを嫌がって、暴れれば逃げられるという経験を積み重ねた犬は、抱っこされそうになったら逃げる、暴れる、捕まったら手を咬むという行動を強化させていくでしょう。

しつけに体罰はNG？

攻撃行動に影響する大きな要因が体罰的なしつけの問題です。咬む犬の診察をしていると、飼い主から体罰的なしつけをした経緯を伺うことが少なくありません。特に柴犬では人気犬種のなかで身体が大きく、日本犬は体罰的に厳しくしつけるべしというイメージがあるからか、体罰を受けた後に攻撃行動を発症している犬によく出会います。

ここでいう体罰とは、罰として使用される虐待のことを指します。罰というのは、特定の行動を抑制するために用いられる嫌悪刺激のことです。たとえば、咬む行動を止めるために、犬が咬んだら殴るということを繰り返すことで、犬は咬んだら殴られるかもしれないと予測し、咬む行動を抑制するようになります。

虐待とは、心と身体を傷つけることです。身体の傷とは外傷を負わせることを指し、心の傷とは短期的に回復しない心的外傷を負わせることで、具体的には強い恐怖を与えることを指します。

犬がルールに反することをした時に、飼い主が叱ることがあります。叱ることは犬に嫌悪感を与えるかもしれませんが、弱い嫌悪感であれば、すぐに回復し、飼い主を継続的に怖がる状態にはならないでしょう。

一方、強く繰り返し殴打したり叱責した場合、犬は飼い主と強い恐怖感を関連づけ、長期的に飼い主を怖がるようになるかもしれません。飼い主との関係の悪化は、さまざまな問題を生みます。心身に長期的な傷を負わせるような恐怖を与える体罰は、決して用いるべきではありません。

しつけに体罰を用いると、犬は飼い主の接近と恐怖を関連づけます。飼い主との関係に不安を抱くようになり、ケージに近づいてくる飼い主を撃退しようと唸り、吠えるようになったり、リードをつけようとすると咬むようになったりします。リードで首を締める、細いチェーンや、トゲの付いたチェーンで締め上げるなどの、リードを利用した体罰をしたことによって、リードの付け替えの際に咬むようになることもあります。

犬は飼い主と離れて暮らすことができません。飼い主から体罰を受けた犬は、常に恐怖・警戒のなかで生活しなければならず、持続的なストレス状態に陥ります。

持続的なストレス状態は、脳を萎縮させ、不安を増長し、攻撃行動を悪化させます。犬も人もハッピーにはなれません。犬に怪我を負わせ、消えない恐怖を与えてまで、しつけをする必要はどこにもありません。単なる虐待であり、許されない行為なのです。

体罰に反対する声明

2018年3月、私の所属する日本獣医動物行動研究会から体罰に関する声明が発表されました。声明発表の少し前に、テレビ番組で、犬の攻撃行動に対して体罰的な訓練を用いる訓練士さんが紹介されたことで、SNSなどで体罰に関してさまざまな意見が飛び交い、研究会内部でも多くの意見が出たことから、研究会として体罰にどのような見解をもっているか知らせること、また体罰の使用に反対する目的で発表されました。

声明文は以下のようなものです。

体罰に関する声明
日本獣医動物行動研究会は、飼い主、トレーナー、獣医師など動物にかかわる人が、家庭動物のしつけや行動修正のために「体罰」を用いること、またこれを推奨する行為に反対します。体罰は一種の暴力であり、動物福祉を侵害する行為です。

動物は体罰を受けることにより身体的だけではなく精神的な苦痛をも感じます。私たちは、体罰に依ることなく科学的な根拠に基づき、動物福祉にかなった効果的で持続性があるしつけや行動修正の手法を開発・研究し続けること、それらを社会に発信・啓発し続けることに邁進します。

要するに、しつけや行動修正においては、体罰の使用はしないようにしましょう、そのために研究会として動物福祉にかなった手法を啓発していきますという内容です。詳しくはＨＰをご確認ください。(http://vbm.jp/seimei/85/)

補足資料にも掲載されていますが、体罰にはさまざまな副作用があります。声明では、以下のような体罰の有害作用を紹介しています。(補足資料より抜粋)

1、体罰は継続によって強度が増してしまう傾向があり、最終的に心身の障害を通り越して、動物の生命を奪う危険性があります。

2、動物は体罰を与える人、近くに存在する他者・動物・物などに対して強い恐怖心を抱くようになることがあります。

3、動物は体罰を避けるために攻撃行動（先制攻撃）を示すことがあります。
4、恐怖・不安などの情動が関与する問題行動の抑制に体罰を用いると、問題行動が悪化することがあります。
5、体罰を攻撃行動の抑制に用いると、逃げる、唸る、吠えるなど咬む前に示すはずの行動が消失し、突然飛びついて激しく咬みつくなどといった避けられない深刻な攻撃行動を示すようになる可能性があります。

先に指摘したように、体罰的なしつけは、飼い主が犬の上に立たなければならないという従来の考え方を元に正当化されてきた側面があります。

その考え方が適切ではないという結論に至っている現在、体罰的なしつけを用いることは、ただの動物虐待です。犬に怪我を負わせる、犬に消えない恐怖を植え付けるような行為は間違った行為なのです。

叱らないしつけは最良の方法？

体罰はダメですという主張に対して賛同するかたちで「褒めるしつけが大事ですよね！」という意見があります。むしろ今は、褒めるしつけが主流なんてことも聞きます。犬が良い行動を取ったら褒める。しつけの基本であり、叱るしつけより良さそうなイメージがあります。

しかし、褒めるしつけの意味を勘違いして、むしろ犬を攻撃的にすることがあることはあまり知られていません。

褒めるしつけは、叱るしつけや体罰的なしつけに対比して用いられていることが少なくありません。そのために「褒めるしつけ＝叱らないしつけ」というイメージがあるのではないでしょうか。

このイメージは元々の褒めるしつけの概念をほぼ正確に表しています。褒めるしつけに含まれる意味としては、人間にとって問題となる行動を予防し、なるべく叱らないようにして、人間にとって望ましい行動を犬が自然に選択できるように促し、それを褒めていくというしつけ方法です。この「なるべく」叱らないという部分がミソで、あくまでなるべくであって、全く叱らない、叱ってはいけないというのとは違います。

ここでいう「叱る」とは、「特定の行動を止めさせるために、声かけやリードの管理によって、その行動を止めること」を指しています。たとえば、散歩中に食べてはいけない物を拾おうとした時に「ダメ！」と声をかけてその行動を止めるといった状況や、他人に飛びつこうとした時に声やリードで飛びつきを制止するといった状況です。

犬は一切叱ってはいけない――これは誤った認識です。「褒めるしつけ＝全く叱らないしつけ」という認識になると、飼い主は、犬がやってはいけないことをしても止める手立てがなくなってしまいます。

極論ですが、リードが離れてしまった時、道路に飛び出しそうな犬に対して「ダメ！」と言う。これで犬の命が救われるなら、その時は叱るべきでしょう。家のなかでコンセントをかじる時もそうです。感電させるより「ダメ！」で止めるのが普通です。

大切なのは、犬の命を守ること、そして、飼い主と犬双方の安全と福祉を守ることです。そのために最低限の管理を行い、なるべく叱らないようにすべきです。

かじってはいけないスマホを、わざわざ犬が届く場所に置いておいて、それをかじったら叱るというのは不適切です。わざわざ犬に間違いを起こさせておいて叱るのは、犬にフェアとは言い難いでしょう。一方、拾い食いをする前に、飛びつく前に、車道に飛び出す前に、感電する前に、その行動を制止するために声をかける、「ダメ！」と伝えることは、生活上最低限必要な管理の一部です。

なるべく叱らないという前提の元ですが、犬と飼い主の生活上、どうしても必要な事であれば、叱ることも一つの重要なコミュニケーション手段です。叱られた犬はその瞬間において「苦痛」を感じていることでしょう。しかし、社会の中で生きていく上で必要なことについては、犬が多少の苦痛を感じたとしても、ダメなことはダメと伝えていかなければ、人と犬が社会の中で共生していくことはできません。

ストレスをかけないことは正解？

飼い主と犬の共生のために、場合によっては叱ることも必要という話は、賛否両論ありそうですが、叱らないという考え方がさらに発展し、犬にストレスを与えないようにしなければならないという考え方になってしまうと、問題が深刻化していきます。場合によっては、攻撃行動を助長する結果に繋がります。

叱る叱らないという話は、飼い主の心理と関係しています。まったく叱ってはいけないという考え方は、叱る必要がないという考え方に対応しています。叱ることは叱る方にも精神的負荷のかかる行為です。叱ることが本当に犬と家族のためになっているのか、自分のエゴを押し付けているだけではないのか、叱る側の倫理面も問われます。犬は一切叱ってはいけないという考え方を信じることで、本当は必要な事でも、犬が嫌がる事はさせられないという自分に対し、免罪符を与えることができます。本質的な問題は、叱る（犬の行動を制止する）というコミュニケーションを避ける飼い主の心理状態にあるのです。

叱らないのではなく叱れない飼い主は、犬と対立したくない、犬にストレスをかけたくないという気持ちが強い傾向にあります。犬と対立してでも、社会のルールとして正しいことを教えるという気持ちがなければ、叱ることができません。

逆に、きちんと社会のルールを教えるために、犬に多少ストレスがかかってもダメな行動は予防も含めてきちんと抑止するという気持ちがあれば、実際に叱るかどうかは大した問題ではありません。

叱れないのは、犬とどうやって関係を築いたら良いかわからないという状態と近いと思います。犬の機嫌を窺って、ストレスをかけないように媚びへつらっていては、いい関係は築けません。

こうした飼い主のもとに、比較的積極的な犬が来ると問題は大きくなります。積極的な犬では、子犬の頃から、強い遊び咬みを示しやすい傾向にあります。また、抱っこされた時にバタバタして嫌がる行動も見せます。飼い主は、犬をどうやって扱っていいかわからず、バタバタしたら放す、咬まれたら手を引くという行動を繰り返してしまいます。

犬が嫌がると、唸ったり、歯を当てたりすることがあるので、飼い主はそれが怖くなります。そして、犬が嫌がることは何でも避けていくという行動を繰り返してしまいます。ケージに入りたがらないからケージに入れない、散歩中リードが張ると嫌がるから伸びるリードを使う、人間の食事に対する要求吠えに応じてしまうなど、生活上、本来必要なしつけについてもできなくなってしまいます。

そして、犬も、ストレスを感じるようなことはなんでも嫌がる素振りを見せればやめてもらえるため、次第に小さな刺激でも嫌がるようになり、小さなストレスに過敏に反応するようになります。気づいたときには、「マテ」を教わることさえもストレスになり、生活に必要な学習が積めなくなってしまうことさえあります。

飼い主は、犬が嫌なことは何でも避ける、犬も少しでも嫌なことをされたら暴れるという相互関係を繰り返していくことで、飼い主ができることがどんどん減っていき、何かしようとすればすぐに歯を当てるという状態に陥ります。そうならないためには、犬と飼い主双方の学びが必要です。

褒めるしつけ＝ストレスを与えないしつけと勘違いしてしまうと、犬にストレスになることをなんでも避けるようになってしまいます。生活上必要なことについては、犬が嫌がるからやめるのではなく、犬が嫌がることでも徐々に克服する手助けをすることが飼い主には求められます。

褒めるのは大事。なるべく叱らないことも大事。そして、必要なことなら犬にストレスがかかることであっても、犬と飼い主の二人三脚で乗り越えることも大事です。

本章のまとめ

犬は家族との間に順位を作る、咬む犬には体罰でいうことを聞かせなければならない、飼い主への攻撃はしつけの問題、犬を叱ってはいけないなど、世間ではさまざまな情報が流布しています。これらは、一見すると正しいように思え、なんとなく納得してしまうため、ついその情報に従って対応してしまうのですが、そもそも攻撃行動の原因が判明していなければ、見当違いの対応になるどころか、攻撃行動を悪化させることさえあります。

重要なのは、攻撃行動の背景に何があるのか、攻撃行動を発生させている要因をしっかり見極めることです。次章以降では、攻撃行動の発生原因に目を向けて、解説していきます。

第2章

犬の心の発達と問題行動

氏か育ちか

行動の発達を考える際に、「氏か育ちか」という論争は、多くの議論を呼んできました。同じ飼い主が、同じ犬種を、同じ育て方で育てたとしても、必ず同じように育つということはなく、問題行動が発生する犬もいれば、発生しない犬もいます。その違いこそ、我々がしっかり目を向けなければならないポイントです。

結論からいえば、氏＝先天的な要素も、育ち＝後天的な要素も両方が重要であり、相互に影響して、行動は作られています。さらに、実際は、氏と育ちという形で二分することは困難です。動物の行動に影響を与える先天的な要素としては、両親から受け継いだ遺伝子があります。

しかし、生まれてくるまでの発達は遺伝子ですべてが決まるかといえばそうではありません。お母さんのお腹の中にいる時から、外部の環境によって多様な発達をみせます。胎内にいる時の発達は先天的なものか、それとも後天的なものなのか、厳密にその線引きはしにくくなります。

本章では、犬の行動の基盤を形作る子犬期までの発達に焦点を当てて、行動の基盤がどのように作られていくか解説してみたいと思います。

行動の発達

犬の行動の発達についてはこれまで多くの研究がなされています。犬の誕生前～誕生～成長に渡る時間軸で、それぞれの期間に名前がついています。その名称とそれがどのような時期かを見ていきましょう。

●受精・着床

父犬と母犬が交配し、母犬の卵子が父犬の精子を受精し、母犬の子宮に着床する時期です。この時に犬の遺伝子が決定します。遺伝子は、母犬の卵子と父犬の精子にそれぞれ半分ずつ入っています。

遺伝子は、身体を形作ったり、脳を形作ったりするための設計図ですから、当然、母犬、父犬の性格は遺伝することがあります。遺伝することがあるというのは、必ずしも遺伝するわけではないということです。母犬と父犬から受け継ぐ遺伝子は半分ずつ。その半分の設計図に何が書かれているかはわかりません。ちょうど半分ずつの要素を受け継ぐわけでもなく、片方だけ受け継ぐわけでもありません。

以前、ボーダーコリーとスタンダードプードルのミックスの犬が診察に来たことがありました。ほとんどボーダーコリーの姿をしていて、スタンダードプードルの外見的特徴はほぼ見当たりませんでした。遺伝とは神秘であると実感します。

ちなみに、犬は多胎動物なので、人間の一卵性双生児とは異なり、同腹の兄弟でも受け継ぐ遺伝子は違っています。

●胎生期

お母さんのお腹のなかで成長する時期です。一生のうちで、脳と身体が急速に作られる時期です。脳の基盤を作る時期ですから、行動への影響も大きいです。脳の性別が作られるのもこの時期です。ホルモンの影響で、脳の雌雄差が生まれると考えられています。

犬は多胎なので、お腹の中で兄弟姉妹が並びます。オスの兄弟に挟まれたメスは、オスから分泌される雄性ホルモンの影響を受けて、オスらしい性格になることが知られています。また、オスに挟まれたオスはよりオスらしい性格となり、マーキングや攻撃性が高くなります。

また、胎生期に母犬にかかるストレスによって、その犬のストレス感受性が変化することが知られています。ラットやマウスなどげっ歯類を用いた研究では、妊娠中に母体にストレスを与えると、母体のストレスホルモンが上昇し、それが胎児の脳神経の発達や、ストレスホルモンの制御機構にも関与し、出生後もストレスホルモン値が高くなることが知られています。

●新生子期

新生子期は生後0～12日頃の時期を指します。まだ、目と耳は開いておらず、触覚と嗅覚で周囲の状況を知覚し、母犬や兄弟犬と一緒に巣穴で過ごします。母犬の乳首に吸い付き、満たされると寝ます。排泄も母犬が陰部を舐めることによって行います。

母子分離ストレスは、子の不安行動を増加させることが知られています。ラットを用いた研究では、生まれて2～14日の期間、子どもから母ラットを離す母子分離ストレスを課した時の行動が観察されました。1日3時間ずつ母子分離ストレスを与えた群では子ラットの不安行動が増加しました。

一方で、母の育子行動は、子の不安行動を減少させます。同じくラットの研究ですが、グルーミングが多い母に育てられた子は、グルーミングの少ない母に育てられた子に比べて不安行動が少なくなりました。十分な育子行動を受けているかいないかによって、脳機能にも違いが見られ、ストレスホルモン分泌中枢の制御に違いが現れたり、不安や恐怖を感じる神経の活動に違いが見られたりするような変化が起こります。

●移行期

移行期は生後13～21日頃の時期を指します。子犬の目と耳は開き、巣穴から出て探索行動をはじめます。この時期に食べ物や嫌悪刺激に関連した学習がはじまると考えられています。

●社会化期

社会化期は生後4～12週頃の時期を指します。運動能力が飛躍的に上昇し、子犬同士の遊びが活発になります。

社会化とは、周囲の人、犬、他の動物、車や自転車、さまざまな音、場所などに対して、警戒心を抱かずに適切な対応を取れるようになる、行動発達のことを指します。社会化期は、一生のうちで最も容易に社会化できる時期であり、社会化期を過ぎると、急激に社会化が進まなくなります。

社会化期にネコやウサギといった犬と一緒に飼う可能性のある動物に接触させておけば、犬はそうした動物を怖がったり警戒することがなくなり、また食べ物として認識することもなくなります。人や生活上出会う物に対しても同じで、社会化期に人、自転車、車、知らない場所、さまざまな生活音などに出会うとそれらを警戒しにくくなります。

また、この接触が一瞬でもいいのか、長時間必要なのかという疑問が生じます。特定の対象につき1回5分、週に2回程度接触させれば、十分に社会化できるという説もありますが、状況や馴らすべき刺激によると考えたほうがいいでしょう。

社会化には、特定の人や物に対して強い愛着を形成します。ある飼い主さんから面白いことを聞きました。愛犬はオーストラリアンラブラドゥードゥルという犬種で、タスマニアから飛行機に乗って飼い主さんの元まで来たとのことでした。道中寂しい思いをしないように、ブリーダーさんはケージにカバのぬいぐるみを入れてくれたようでした。オーストラリアから〝二人〟でやってきた犬とぬいぐるみ。その犬は大きくなった今でも、そのぬいぐるみを大切にし、他のおもちゃとは別格に扱っているとのことです。社会化期における体験が、いかに強い愛着を形成するか実感させられる事例です。

社会化期のなかでも社会化のピークは6～8週頃といわれています。その後は警戒心が徐々に高まってきて、新しい刺激を受け入れにくくなっていきます。

パピークラスをやっていて実感するのは、社会化期末期の12週以前の子犬と、12週以降の子犬では、環境への順応のスピードが違うということです。もちろん12週以降の子犬でも、徐々に環境に馴れていくのですが、1回目のレッスンでは、椅子の下に隠れたままということは少なくありません。

また、特に社会化期の後半では、出会う物や動物に馴れるだけでなく、その物や動物と出会うと良いことがある、悪いことがあるという学習が活発に行われます。そのため、馴らしたい物や動物に対して、単純に接触させればいいというのではなく、接触時に良いこと（＝主に食べ物）と関連付けることで、その物や動物に良い印象が関連づけられ、警戒心を抱きにくくなります。

同時にこの時期は、咬み付きの抑制を覚える時期でもあります。子犬同士のコミュニケーションを通じて、どれだけ強く咬んだら相手が痛がるのか、経験を通じて学びます。

●若年期

若年期は生後13週〜半年以上（性成熟まで）の時期を指します。現代の犬の生活では、ちょうど家庭に迎えられる時期から飼い主との生活が確立する時期であり、飼い主との関係作りの基礎となる時期です。若年期では犬だけで成長するわけではなく、飼い主との相互関係のなかで成長するということが重要な要素です。問題行動の発現という意味では、社会化期までに犬自身の中に作られた問題行動の種が、若年期の関係作りによって水を与えられて芽吹き、1歳〜2歳前後で大きな問題として花開くといった具合です。

若年期の犬は、社会化期と比べて、いろいろな物に興味を抱くようになります。散歩に行きはじめる時期でもあり、さまざまな社会的刺激に出会います。それらの社会的刺激に対しての興奮性も高くなるため、飼い主が特に手を焼く時期です。若年期以前に咬み付きの抑制を覚える機会のなかった犬では、飼い主との遊びのなかで、手を強く咬むことがあります。歯が生え変わっておらず先端が尖っているため、飼い主が出血することもしばしばです。

　こうした問題がある場合、飼い主が適切な対応を取れるかどうかが将来を決めます。遊びで咬んでくる犬に対して、繰り返し体罰的なしつけを行ったり、逆に、犬のいいなりになって、全て犬の好きなようにさせてしまったり、そうした経験が犬の恐怖心や自己主張を強化し、問題へと発展します。若年期は、人生と〝犬生〟の分かれ道といっても過言ではありません。

ペットショップやブリーダーで作られる問題行動

　問題行動の発達という側面からみると、社会化期までは犬自身の行動の基盤を決める時期で、若年期は犬と飼い主の関係を決める時期と考えて差し支えないでしょう。執筆時現在、ペットショップで販売できる犬は生後7週と1日（50日齢）以降と決まっています。社会化のピークを迎える社会化期前半までは飼い主ではなく、ブリーダーやペットショップで管理されるということです。

　そのため、問題行動の発現を決める要因の半分は、ブリーダーやペットショップにあるといえます。ブリーダーはそのほとんどの期間管理しており、ペットショップは取引ブリーダーを管理する立場にあります。ブリーダーが、両親からの遺伝や妊娠時の母犬へのストレス状態を配慮して、育子行動をサポートすることができれば、問題行動発生のリスクを下げることができます。

現在、ペットショップで販売されている子犬たちは、どのような繁殖方法で繁殖が行われたかについて、十分な情報公開はありません。親犬の性格を鑑みて交配するブリーダーもいるでしょうが、必ずしもすべてのブリーダーがそうではありません。不安傾向の強い親犬でも、見た目が良ければ交配させるブリーダーもいるでしょうから、そうした繁殖方法は攻撃行動を発生させる要因のひとつになります。

また、劣悪な環境のブリーダーが摘発される事例が散見されますが、ブリーダーの飼育環境が行動の発達に与える影響も少なくありません。胎生期の項で述べたように、過密な環境や、換気の悪い環境、適切な運動のできない環境では、妊娠中の母犬に強いストレスがかかり、胎児にもそれが影響し、ストレス耐性の低い犬が生まれます。

育子のうまい母犬を選別するということも重要です。先にも説明した通り、面倒見のよい母犬に育てられた子犬は不安傾向が少なく、攻撃行動も少なくなると考えられます。そして、育子行動の少ない母犬ではその反対になります。

母子分離は子犬の不安傾向を増加させますが、実は15分程度の分離であれば、むしろストレス耐性を増加させると考えられます。

先に紹介したラットの研究では、毎日1回15分の母子分離では、不安行動が減少しました。これは、人間の匂いがついた子ラットに対して母ラットが舐める行動を増加させたことに由来するのではないかと考えられています。犬でも同様の反応は起こると考えられ、人間の匂いを犬に学習させる機会にもなります。ブリーダーがこのような適切な介入をすることは、問題行動の発生を予防することになるでしょう。

もう一点、ブリーダー・ペットショップ内で重要な要因として考えられるのが、栄養状態です。現在のペット産業では、「小さいほうが売れる」という謎の神話が形成されていると聞きます。実際に消費者も小さい犬を求めているようです。そのため、あまり大きくなっては値がつかないから、母犬に与えるフードを減らすことで乳を減らしたり、離乳食を減らしたりして成長を遅くするといった措置が取られているようです。

診察のなかでの経験則ですが、栄養状態が悪い犬では、食餌に関する執着が増す傾向にあるのではないかと私は考えています。また、栄養状態は一般的なストレス耐性にも影響を与えると考えられます。

ブリーダーによるこのような対応は、問題行動の発生に大きな影響を与えます。もちろん、多くの優良なブリーダーではしっかりと検討され、配慮されていると思いますが、行動の発達まで考えて繁殖を行っていないブリーダーも少なくないでしょう。どのような状態で繁殖されたか知ることなく買ってしまう飼い主にも問題はあると思います。

しかし、まず取り組むべきなのは、その両者をつなぐペットショップが、犬そのものを提供するだけでなく、犬がどのように育てられたかも含めて、情報を公開し、同時にブリーダーへの助言や管理を強化していくことではないかと思います。

社会化の欠如

問題行動を発生させる要因として、社会化の欠如は大きな要素です。社会化のピークは6~8週齢前後といわれています。先に触れたように、現在日本では、生後7週と1日（50日）を超えなければ、犬猫を販売してはいけないことが法律で定められています。

子犬の多くは、50日~55日くらいでブリーダーからペットオークションなどを経由して、ペットショップに渡ります。ペットショップでは感染症の予防のために、基本は単頭飼いのショーケースで管理される場合が多いです。そして、そのままペットショップに1〜数週間滞在し、多くは生後9週〜12週くらいで家庭に迎えられます。

さらに、子犬を販売する際には、ワクチンプログラムの説明がしっかりされています。そのなかには、ワクチンプログラムが終わるまでは外に出してはいけない、病院以外には行ってはいけないという案内も含まれます。

社会化のピークに単頭飼育のショーケースに入れられること、社会化期のほとんどの期間、ワクチンを理由に外に出さないことは、深刻な社会化の欠如を招きます。

ワクチンで防げるウイルス病に関しては、ウイルスを保有している感染した犬との接触がなければ、感染することはありません。そのため、健康な子犬であればワクチンプログラムが終了していなくても抱っこして外出することは何の問題もありません。当方でも、1回以上ワクチン接種をしていて、家に迎えてから2週間以上経過していれば、パピークラスへの参加を奨励しています。しかし、ワクチンプログラムが終わるまで外に出さないという指導をしっかり守る方が多く、本当に参加してほしい9週〜12週くらいの子犬は少ないのが現実です。

こうした流通の背景から、社会化期のピークに社会化を実践することは難しく、社会化の足りない状態で成長する子犬が少なくありません。もちろん、社会化期を過ぎたからといって、あらゆる物に馴れることができないかといえばそうではなく、若年期の初期であれば、社会化期に比べ馴れる速さは遅くなりますが、徐々に馴れることはできます。

しかし、これが生後5～6カ月を超えてくるとなかなか難しいのが現実です。ワクチンが終わるまで外に出してはならないと思って、5ヶ月まで外の世界を知らず家のなかで過ごした犬は、社会的な経験が少ないことで、恐怖や不安を感じやすくなり、関連した攻撃行動が発生しやすくなります。見知らぬ人への攻撃行動や、見知らぬ犬への攻撃行動は社会化不足がその要因のひとつです。

社会化不足の原因は飼い主にもあります。5～6カ月まで散歩に出なかった犬の飼い主になぜ行かなかったのか理由を聞くと、「暑そうだから」「寒そうだから」「小型犬だから」という答えが返ってくることがしばしばです。

ペットショップで「散歩は必要ない」と説明をされているということもありますが、飼い主が適切な知識を持ってさえいれば、犬生で二度ない社会化の機会を逃すようなことはなかったのではないかと思います。すべての飼い主が適切な知識を身につけるのはまだまだ難しいですが、そのためにも私も含め、専門家が効果的な発信をしていくべきだと考えます。

「8週齢問題」より大切なこと

本書を執筆している2018年6月現在、動物愛護管理法改正の議論が本格化しています。

2012年の改正では、犬猫等販売業に関する規制が強化され、8週齢（56日）未満の犬猫は販売してはいけないという販売日齢規制が導入されました。先に述べたように、早期の母子分離ストレスが犬猫の発達に悪い影響を与えるのではないかとの観点から、欧州や米国の一部の州にならって導入されたものです。

この販売日齢規制については、条文には56日未満の犬猫の販売を規制する旨が記載されているものの、附則により移行措置として施行3年後までは56日を45日と読みかえ、それ以降は49日と読み替えることとなっており、現在は49日で運用されています。今後、56日に引き上げるか否かについては、科学的根拠のある49日齢とすべきという意見と、諸外国で用いられている56日齢とすべきという意見に分かれており、決着をみていません。この

8週齢を巡る問題のことを「8週齢問題」といいます。

実際の引き上げ時期の検討については、科学的根拠のみを検討材料にするのではなく、犬猫等販売業者の業務の実態、親から引き離す理想的な時期についての社会一般への定着の度合い、犬や猫の生年月日を証明させるための担保措置の充実の状況等を勘案することとされています。

改正に向けて、環境省が主導し、麻布大学の菊水健史教授らの研究チームが7週齢で家庭に迎えた犬と8週齢で家庭に迎えた犬の気質の比較について、大規模な調査結果を発表しました。その結果によれば、7週と8週という週齢の違いは、問題行動に関連する行動のスコアのばらつきを、1%程度しか説明することができなかったとのことです。つまり、家に迎える時期が7週齢と8週齢でも差はあるものの、大きな差はなかったという結果になりました。

動物愛護管理法改正に関係して、8週齢問題での論争が続けられていますが、実は、7週で家に迎えるか、8週で家に迎えるかという問題よりも、その前段階で、どのような発達をしてきたかが大きく影響すると考えられます。

遺伝に配慮し、子育ての上手な母犬を選抜し、大切に育てられた犬であれば、安定した気質の犬に育ちやすいでしょうし、劣悪な環境下での繁殖ではストレス耐性の弱い犬に成長する可能性が高くなります。

家に来てからのことも同じです。社会化期全盛の8週齢で家に迎えても、家のなかに閉じ込めたままでは、社会性の乏しい犬に育ちますし、社会化期が終わる12週齢で家に来たとしても、飼い主が積極的に社会化していく意志を持って育てれば、犬が持つ多くの可能性を引き出すことができます。

ルールを作るとなると、どうしても日齢規制のように数字でルールを決めることになります。法律というルールを遵守しつつも、それだけでなく目の前の犬を大切に育てるために何ができるのかを考えることが重要です。

大切に育てるといっても、ただ一生懸命に愛情をかけるだけでなく、適切な知識を得て、知識に基づいて大切に育てるということが重要です。それは飼い主だけでなく、ブリーダーやペットショップなど犬を取り巻くすべての人が共有すべき考え方です。

犬の行動の〝ハードウェア〟

犬の行動は、犬の誕生前～誕生～成長に渡る時間軸を通じて作られていきます。誕生前～誕生～新生子期までに急激に脳が発達します。そして、社会化期では、外界のどのような刺激が安全で、どのような刺激が危険かという、刷り込みが行われます。若年期では、社会化期までの発達を基礎として、飼い主との相互関係が学習によって構築されていきます。

たとえば、パソコンに置き換えると、社会化期まではパソコンの本体となるハードウェアが作られる時期で、基本性能が決定されます。パソコンの処理速度や記憶容量はＣＰＵやハードディスクなどのハードウェアに依存しています。

これと同様に、不安傾向や好奇心旺盛といった気質、ストレス耐性といった基本性能、何が自分にとって良い存在で、何が嫌な存在かということを感じる基盤は、社会化期までに形作られます。犬のハードウェアは基本的に取替不可能で一生そのハードウェアで生活していくことになります。

そして、そのハードウェアを基盤として、若年期以降の学習によってソフトウェアが書き込まれます。オスワリと声をかけられたらお尻を地面に付けるとか、マテといわれたら動かない、散歩中は飼い主の傍を歩く、飼い主の食事中に吠えると人間のゴハンがもらえる、そういった学習は行動を作動させるソフトウェアです。

若年期は大量にソフトウェアをインストールする時期です。犬は飼い主との相互関係のなかで、良いソフトも悪いソフトもどんどんインストールしていきます。ソフトウェアは書き換え可能ですが、悪い学習は、コンピューターウイルスみたいなもので、なかなか除去できなかったりします。

重要なことは、犬のハードウェアは生後12週までにほぼ形作られ、その後は取替不可能ということです。この事実からはふたつの示唆が得られます。

ひとつは新しく犬を飼う人は、12週までにできることをしっかりやるべきということです。もうひとつは、既に犬を飼っている人は、愛犬が持つハードウェアは変えられないということをしっかり受け入れて、そのハードウェアの特性を大事にして育てていくべきということです。

知らない犬が苦手な犬を飼っている飼い主さんから、「他の犬と仲良くさせたい」と相談されることがあります。しかし、他の犬が苦手かどうかという特性は、社会化期までにほぼ決まるハードウェアに依存しています。若年期以降の学習で「他の犬がいても無視していれば安全」や「同居犬の〇〇ちゃんは安全で楽しい」ということを学習していくことはできますが、「不特定多数の犬と楽しく遊ばせたい」という願望を押し付けることは適切ではありません。

犬との共生において、飼い主にとって犬の変えられない部分を、受け入れるということはとても大切です。ハードウェアは個性ともいえます。犬が苦手、人が苦手、興奮しやすいなどは問題と関連づけられやすいですが、その犬の欠点として捉えるのではなく、個性として尊重して、無理な要求をせずに、その犬に合わせた生活を送らせることが大切です。

犬に〝ソフトウェア〟をインストールする飼い主

社会化期までに作られた犬のハードウェアにインストールされるのが、若年期以降の飼い主との相互関係によって学習されるソフトウェアです。学習そのものは移行期から既にはじまっていますが、生涯の生活に大きな影響を与える飼い主との相互関係は社会化期後半もしくは、若年期以降にはじまります。

ハードウェアを形作るのは、ペットショップとブリーダーでした。ソフトウェアをインストールするのは飼い主です。パソコンも本体を電気屋さんから買ってきて、基本ソフト以外は所有者がインストールすることが多いでしょう。犬もそれと同じです。どれだけ良いハードウェアでも、飼い主が使いこなせなかったら宝の持ち腐れです。

たとえば、ボーダーコリーは学習スペックと作業スペックの高い犬です。反面、頭を使う学習と作業をさせないと、自分で勝手に作業をみつけて暴走します。ボーダーコリーというハードウェアには、そのハイスペックさに見合うだけの多種多様なソフトウェア（さまざまな作業を伴うトレーニング等）をインストールしなければなりません。

犬はどうやってソフトをインストールしているのか、つまりどのように学習するかというと、大きく分けてふたつです。ひとつは飼い主が積極的に教えるというもの。もうひとつは、犬が飼い主の反応を見て自然に学ぶというものです。

前者は飼い主が意識的に教えているのですが、後者は飼い主が無意識的に教えてしまっているという状態です。

犬は、犬自身が何かした時の飼い主のリアクションをじっと見ています。どうしたら、自分にとって面白いことが起こるのか、あるいは嫌なことを避けられるのか。犬が自分だけで勝手に学ぶわけではなく、飼い主の反応を見て学習していくのです。問題行動の学習は後者の学習によって起こります。

当然、攻撃行動の学習も飼い主との相互関係のなかで進んでいきます。飼い主が意図せず学習させたことによって、攻撃行動が強化されてしまうことは少なくありません。若年期以降にどのような学習が働き、どのように攻撃行動が作られていくかについては、第5章で詳しく述べていきます。

本章のまとめ

家に来る前段階の発達が行動に大きな影響を与えているということがご理解いただけたでしょうか。今のペット産業の状況では、子犬がどのように生まれ、どのように育てられたかを、飼い主がきちんと把握することは困難ですが、可能な限りブリーダーの育成環境を見極めて、信頼できる方から譲ってもらうようになれば、自ずと優良なブリーダーが選ばれるようになり、劣悪なブリーダーが淘汰され、適切な情報公開も進んでいくと考えられます。そのためには、飼い主ひとりひとりが子犬の育成環境を見極められるだけの知識を持つことが大切です。

ご飯を与えれば子犬の身体はすくすく成長します。でも、心の栄養がなければ、子犬の心は成長しません。家に閉じこもるのではなく、広い世界に出て、社会化という心の栄養を与えてあげることで、子犬は心身共に成長できることを忘れてはいけません。

第3章

咬みつきの原因は「脳」にあり

動物はなぜ行動するのか？

動物はなぜ行動するのでしょうか。端的にいえば、自分が生き残るため、そして、繁殖し自分の遺伝子を未来につなぐためです。自らが生存すると同時に、繁殖し遺伝子を遺《のこ》すことは、あらゆる生物の基本的な機能です。細菌や植物も、自分が生存するために栄養を吸収し、代謝を繰り返し、自ら分裂して遺伝子を遺したり、他の個体と交配し新たな個体を生み出したりしています。

生命は遺伝子の乗り物であるという表現もされることがありますが、生命は自分の遺伝子を遺し、その複製（つまりは子孫のこと）を広めることを宿命付けられています。いかに効率よく自分の遺伝子を次世代につなぐことができるかを表す用語として、「適応度」というものがあります。適応度が高い個体は、その環境によく適応しており、たくさんの子孫を遺すことができるという考えです。適応度を上げるためには、まず自分が生き残らなければなりません。自分が死んでしまえば繁殖の機会を失うからです。

そして、同種の個体に比べて、できるだけ多数の繁殖に参加した個体のほうが、次世代に子孫を残す確率が上がります。子孫が生き残る確率が高ければ、自分の遺伝子の複製は大いに広まります。

ダーウィンの進化論では、集団のなかで環境により適応した個体の特徴が子孫に遺伝するために、生存や繁殖に有利な特徴が世代を経るごとにより強まっていくと解釈されています。

集団の中でより環境に適応した個体の遺伝子が広がることで、そうした個体の持つ特徴が、世代を経るごとに強まっていきます。たとえば、キリンの首はなぜ長いのでしょうか？ ある時代・地域で、より首の長いキリンのほうが良い食事にありつける環境があったとします。すると、首の長いキリンの方が生存率が高く子孫を多く遺せたため、世代を経るごとに首の長い遺伝子をもつ個体が増え、徐々に集団全体の首が長くなり、現在のキリンになったと考えられています。

しかし、環境が急に変わり、高い木が全部枯れてしまって下草だけの草原になったら、首の長いキリンは適応度が下がります。首の上げ下げに余分なエネルギーを使うことになるからです。その環境が長く続けば、キリンの首は短くなっていくかもしれません。

適応度とは、環境への適応の度合いを表す言葉ですから、環境が変化すればその個体の適応度も変化します。

話を元に戻しますが、動物は適応度を上げるために、行動を進化させてきました。犬は、少なくとも約1万5000年前には人とともに生活していたといわれています。人の集落付近で生活をしはじめたのは、人間が農耕をはじめた7万年前以降のことで、諸説ありますが、2万~3万年前からと考えられています。

ちなみに、その頃人の集落の周りで暮らしはじめたのは、犬ではなく、犬とオオカミの共通の祖先です。人と暮らし始めた祖先が、人との暮らしを営むことによって、現在のような犬に進化してきました。1万年前は今のような犬種は存在しません。キャバリアは1万年前の暮らしには適応していないでしょう。人気犬種のなかでは、柴犬は、祖先に近い遺伝子を持っており、オオカミに似た行動を示すことが知られています。

さて、人間の集落の近くで暮らしはじめた犬の先祖は、人間の残飯にありつけるようになります。この時、人を警戒しない性格の個体は、より多くの残飯にありつくことができました。集落の周囲に獣がいた時に、吠える個体は褒美として何か食べ物をもらえたかもしれません。人が狩りに行く時に、一緒についていき、狩りの手伝いをしたら、犬の先祖たちだけで狩りをするより効率よく食料を得ていたかもしれません。

つまり、当時、人間の集落の近くで暮らしていた犬の祖先にとっては、人と親和性の高い性格をもつ個体のほうが、適応度が高かったわけです。そして世代を経るごとに、人との暮らしに適した特性をもつ個体が選抜されていきました。これが犬の家畜化のはじまりです。

その後、匂いを追跡する行動特性を伸ばした犬種（ビーグル等）、小動物を追って仕留める行動特性を伸ばした犬種（ダックスフント等）、大型動物を追う行動を伸ばした犬種（コーギー等）などさまざまな犬種が生まれてきました。今では400品種とも、700品種ともいわれる犬種が作出されています。

攻撃行動は、犬が生きていくための行動

なぜ、行動が起こるかというと、それは、行動する個体のほうが、行動しない個体に比べ適応度が高いからです。野生では、食べるものを探さない犬は死んでしまいます。食べ物を探す行動をする個体のほうが適応度は高いです。

逆に、特に何のきっかけもなく、いつでも興奮して走り回っている犬がいたとしたら、

余分なエネルギーを使ってしまうために、その個体の適応度は低いでしょう。他の犬に対して恐怖を抱き、集団行動が取れない犬も適応度が低い個体といえます。

仮に全く不安を感じず、何をされても攻撃しない犬がいたら、少なくとも野生のなかでは適応しているとはいえないでしょう。なぜならば、不安は自分の身を守るために発生する情動だからです。危機的な状況が近づいていることを察知し、その状況から逃げる動機を生むことが不安という情動の意味です。

防衛的な攻撃行動には、多くの場合、不安や恐怖という感情が関連しています。首輪をもつと咬むという状況では、首輪をもたれる（＝拘束される）という状況に対して、身動きが取れない（＝危機的状況である）という恐怖を感じ、その状況から逃れようとして首輪をもった人の手を咬むという行動を起こします。

同じ首輪をもたれるという刺激が加わっても、攻撃行動を取る犬と、攻撃行動をとらない犬がいるのは、現在の動物福祉の状況、生まれてからそれまでの経験による脳機能の変化や学習に加えて、犬それぞれの遺伝形質が一様ではなく、さまざまな遺伝形質をもって生まれてくるからです。不安や恐怖を感じやすい個体もいれば、そうでない個体もいます。人と共生する犬においては、不安や恐怖という遺伝形質は歓迎されるものではありません。

一方、野生の状態であれば、不安や恐怖による危機警戒能力や、攻撃行動の発現は生きるために欠かせません。つまり、そもそも攻撃行動は自分の命を守るための生命線であり、欠くことのできない能力だったのです。

診察のなかで、野犬出身の犬によく出会います。触ろうとすると咬んでくる犬も少なくありません。野犬は、家庭犬と違い、生まれてから人に保護されるまで、人との接触は非常に少ない状況で生きてきています。野犬出身の犬が咬むのは人に社会化されていないからです。野生の犬にとって、何者かに捕まるというのは、すなわち「死」を意味しますから、全力で逃げよう、咬もうとするのは当然です。

犬にとって、逃げられない状況における攻撃行動は、野生では適応的な行動であり、その遺伝形質は今の犬にも十分に受け継がれているものです。

しかし、現代の犬と飼い主の生活のなかでは、不安や恐怖は野生に比べて、あまり必要なくなっています。むしろ、人間と生活するためには、不安や恐怖を抱きにくいほうが適応的です。

不安や恐怖を感じる仕組みが遺伝子に組み込まれているならば、犬たちは、人との生活で、常に不安や恐怖を感じているのかといえば、そうではありません。そもそも犬には、不安や恐怖を感じる遺伝子だけでなく、人間と協調的に行動することができる遺伝子も備わっています。どちらの遺伝子が優勢に働くかは、さまざまな要因に影響されます。

犬の行動や性格は、幼少期の環境によって左右されます。そして、その基盤を前提として、できる限り自分の生存に有利になると考えられる行動を選択し続けます。飼い主に対する攻撃行動は、飼い主にとっては困った行動ですが、その犬にとっては、自分の生存を有利にするための行動だと判断していると考えられます。

行動を発生させる脳と神経の仕組み

動物が行動する時には筋肉が動きます。筋肉が動くから、走ったり、歩いたり、咬んだりできます。筋肉は神経からの電気信号を受け取って動いているということをご存知でしょうか。筋トレ器具で、お腹に貼ると勝手に筋肉が動いて、腹筋がムキムキになるような商品がありますが、あれも電気的な刺激で筋肉を動かしています。動物の筋肉や神経は電気信号を介して働いているのです。

行動が起こるときには、体中を電気信号が駆け巡ります。目や耳などの感覚器でとらえた情報は、電気信号に変換され、末梢神経を通じて、脳や脊髄（中枢神経）に送られます。脳では受け取った情報が統合され、どのような行動をとるべきか判断します。判断された情報を元に、筋肉を動かすための電気信号を末梢神経に送り、末梢神経は筋肉に電気信号を送って、筋肉が収縮することで行動が発生します。

犬や人をはじめとした哺乳類の特徴は、行動を発生させる仕組みの中でも、脳が非常に大きく、複雑な情報処理を行って取るべき行動を判断している点です。複雑であるからこそ、個体それぞれによって情報処理の仕方はさまざまです。

複数の犬に同じ刺激を与えても、そこから起こる行動は千差万別です。飼い主に首輪をもたれるという刺激に対して、しっぽを振る、固まる、おなかを見せる、手に咬み付くなど、犬によって、反応が変わります。

また、同じ犬でも、首輪をもたれる状況によって、起こる行動は変わってきます。動物病院やトリミングサロンでは首輪をもっても固まって動かないのに、家だと咬むということは少なくありません。加えて、日中は咬まないのに、夜遅くなってくると咬むということもあります。これは、個体それぞれの情報処理の仕方が違うからであり、同じ個体でも状況によって情報処理の仕方が変わってくるからです。

脳の異常が攻撃行動発生の原因？

攻撃行動を発現する犬と、そうでない犬の間には、当然ながら脳の情報処理に違いがみられます。この違いを生む原因は大きく分けてふたつあります。

ひとつは脳の情報処理システム自体は正常に機能しているものの、学習によって攻撃行動が起こりやすくなっているという状況です。もうひとつは、脳の情報処理システム自体に不具合が生じているという状況です。

攻撃行動の改善について、これまで一般的に知られている情報のほとんどが、前者の前提に立ったものです。そのため、脳機能そのものに不具合が生じている可能性を検討することが抜け落ちてしまっていることが少なくありません。

哺乳類の大きな脳に備わる、きわめて複雑な脳の情報処理システムに不具合が生じていた場合、その異常は行動の異常としても現れます。特定の行動を繰り返す、小さな刺激に過敏になる、不安や恐怖を抱きやすくなる、衝動性が増すといった変化が起これば、それは攻撃行動を誘発する要因になります。

このような脳の情報処理システムの不具合が生じる原因としてはさまざまなものが考えられますが、代表的なものに、「持続的なストレスによる脳機能の異常」と「てんかんに関連した脳機能の異常」が知られています。

持続的なストレスがもたらす脳の変化

動物が持続的なストレス下に置かれる要因はさまざまですが、遺伝や母子行動の多寡によって、不安傾向が高くなった動物では、小さな外部環境の変化に高いストレスを感じます。また、強い恐怖を感じる体罰を繰り返し受けた動物では、体罰を与えた人や、人全般に対して恐怖を抱きやすくなり、持続的なストレスにさらされることになるでしょう。

持続的なストレスは、脳の機能にさまざまな変化をもたらします。なかでも、脳内の神経伝達物質の代謝異常や、海馬の萎縮については、積極的に研究されてきた領域です。

神経伝達物質とは、脳の中の、ある神経から別の神経に情報を伝達するために使われるホルモンのことで、脳の情報処理に欠かせない物質です。神経伝達物質には、大きく分けて3つの種類があり、グルタミン酸やγ-アミノ酪酸などのアミノ酸、アセチルコリンやドーパミンなどのアミン、エンケファリン・コレシストキニンなどの神経ペプチドに分けられます。

このなかでも特に気分の形成に影響を与えているのがアミンに分類される、セロトニン・ドーパミン・ノルアドレナリンの3つのモノアミンです。神経伝達物質は、その代謝異常によって、過剰になったり、枯渇してしまったりすることがあります。神経伝達物質が枯渇すれば、適切な脳の働きを営むことができず、気分や行動に異常をきたすことがあります。

人のうつ病は、さまざまな要因によって起こりますが、モノアミン類の枯渇が要因のひとつと考えられており、うつ病の改善には、モノアミン類の代謝を調節する薬が使われています。

動物の気分や行動の形成に影響を与える要因としても、モノアミンの枯渇は重要な意味があります。特にセロトニンの枯渇は攻撃行動を増加させます。

セロトニンは脳のブレーキとも呼ばれる神経伝達物質で、不安や衝動を抑える働きをしています。意図的にセロトニン濃度を減少させたり、セロトニン受容体の活性を抑制したりした動物では、攻撃行動が増加することが数多くの動物種で確認されています。

セロトニンが減少してしまう原因は多岐にわたって検討されていますが、主たる要因は、持続的なストレスです。

ストレスは、セロトニンの濃度を下げたり、急速に上げたりします。そして、それに伴って、ノルアドレナリン・ドーパミンの枯渇を引き起こします。持続的なストレス下に置かれた動物は、やがてモノアミン類の代謝に異常をきたし、気分と行動に影響を与え、攻撃行動が亢進していきます。

持続的なストレスが脳に与える変化として、もうひとつ特徴的なものが海馬の萎縮です。海馬は、記憶を司る脳の部位で、大人になった後でも、活発に神経細胞が作られたり、神経同士の新たな結合が生まれたりしています。柔軟な脳の部位であり、同時に身体のストレス状態を受信する役目を負っています。

詳しくは、第4章で述べますが、犬などの動物がストレス状態に陥ると、脳から副腎に司令が出され、コルチゾールというストレスホルモンが分泌されます。脳内の神経細胞はコルチゾール受容体を有しており、コルチゾールからさまざまな影響を受けています。

コルチゾールは、ストレスに対応するように体を変化させる作用を持っており、一時的に抗ストレス作用を示します。しかし、動物の身体は、長期間持続するストレスを想定していません。

ストレスを長期間に渡って受けていれば、さまざまな弊害が現れます。そのひとつが神経毒性です。持続的なコルチゾールの放出は神経細胞内のカルシウムイオンの濃度を高めます。カルシウムイオンの増加は、一時的には神経の反応性を高め、ストレスへの対応力を高めますが、持続的な濃度上昇は神経細胞を傷害し、神経細胞の新生を阻害したり、萎縮させたりします。なかでも影響を受けやすい部位が海馬です。

海馬では、毎日多くの神経細胞が新生し、入れ替わりを繰り返しています。持続的なストレス状態にさらされた動物では、海馬が萎縮することが知られています。さらに悪いことに、海馬の神経は増えすぎたコルチゾールの放出を止める負のフィードバック調整機能を担っています。つまり、海馬の神経が死んでしまうと、コルチゾールの放出にブレーキがかからなくなり、さらにコルチゾールが放出されるという悪循環に陥ってしまいます。

持続的なストレスは、身体と脳にこのような変化をもたらします。「持続的なストレスがなくなれば回復するか」と問われると、それは状況によるとしか答えられないでしょう。軽度の変化であれば、ストレスを取り除けば回復していきますが、一定レベルの変化を超えると回復できなくなってしまいます。早期発見、早期治療が、攻撃行動をはじめとした問題行動にも大切ということです。

「てんかん」が攻撃行動の原因？

「てんかん」とは脳の神経活動の異常です。神経は電気信号を伝える電線のようなものです。通常の神経では、微弱な電流が、調和が取れた形で流れています。神経に電流が流れることを神経の発火といいますが、普段はすべての神経が一斉に発火することはありません。

てんかんの発作では、何らかの原因でこの神経の発火が一斉に起こってしまい、異常な発火となることで、身体をコントロールできなくなる状態になります。

てんかんが発病する原因は多様ですが、原因によって、特発性てんかんと症候性てんかんに分けられます。特発性てんかんとは、検査をしても原因を特定できないもので、生まれた時からてんかんになりやすい傾向をもっていると考えられています。この傾向は親から遺伝的に受け継ぐ可能性も指摘されています。

症候性てんかんとは、原因の明らかなてんかんのことで、脳炎、脳出血、脳梗塞、脳腫瘍など脳に加わった器質的な異常や、熱中症、中毒、ジステンパーなどさまざまな原因によって発生します。

てんかんというと、意識を失って、身体をのけぞらせたり、手足をビクビクさせたりといったイメージがあると思います。そうした発作は、脳全体が異常発火を起こしている状態で、全般性発作といいます。

一方、あまり馴染みがないかもしれませんが、全般発作以外に、部分発作というものもあります。部分発作は、脳の一部の領域だけが異常発火している状態です。人間のてんかんの分類では、部分発作は、意識障害の有無で単純部分発作と複雑部分発作に分けられます。

単純部分発作は、意識がはっきりしている状態で、身体の一部が動かせなくなる、目が見えなくなる、耳が聞こえなくなるなどの症状が出ます。複雑部分発作は、意識が遠くなってボーッとしたり、記憶障害がみられるなどの意識障害を伴います。複雑部分発作では、本人の意志に関係なく、特定の行動を繰り返す自動症がみられることがあります。

また、これも人間の話ですが、てんかんに関連した症状として、発作が起こっていない時でも、感情や性格の変化が合併することがあり、物事に執着しやすくなる、回りくどい話し方になる、不機嫌になりやすい、怒りっぽくなるといった症状がみられます。こうした症状は、繰り返し発作が起こることで、脳が異常な発火によってダメージを受けた結果であると考えられています。

犬の攻撃行動のなかには、何のきっかけもなく突然攻撃してくる「激怒症候群（レイジシンドロームや特発性攻撃行動とも呼ばれる）」という分類があります。かつて、この激怒症候群は、攻撃行動に至る経緯をつぶさに把握しても原因が不明なものの総称として用いられ、多くの犬が激怒症候群として診断されました。

しかし、そうした犬のなかには、抗てんかん薬に反応する犬が少なからず存在したことから、激怒症候群と診断された攻撃行動のなかには、てんかんの複雑部分発作が関係して発生していたものが含まれると考えられています。

また、人のてんかんの分類では、反射てんかんといって特定の刺激に反応して起こるてんかんの分類があります。てんかんを引き起こす刺激としては、光、音、動き、驚愕、摂食、読書、音楽、非特異的なストレスなどさまざまなものがあります。

犬でも人と同様に、特定の刺激や葛藤やストレスが引き金になって部分発作が起こることで、攻撃行動を発現させることがあると考えられます。たとえば、食餌時だけ、あるいは食餌後すぐに攻撃的になる、食物関連性攻撃行動のなかには、食餌が引き金となって部分発作が起こっているものも含まれるのではないかと考えられます。

東京大学での研究では、問題行動の治療で東京大学附属動物医療センターを受診した62頭の犬のうち、事前検査で身体的異常が確認されなかった55頭で脳波を測定したところ、51頭において、てんかんで特徴的な脳波が確認されました。

てんかんで特徴的な脳波を示す犬を「てんかん体質あり」と判断し、そのうち48頭に対して、抗てんかん薬と行動療法を併用した治療を行ったところ、39頭において問題行動が5割以上改善しました。

人間の発達障害でも、てんかんや、てんかんを伴わない脳波異常がみられることが多くあります。そして、脳波異常を認める発達障害のうち、7割程度が、抗てんかん薬による治療で、生活の質が向上することが報告されています。

近年の研究では、このように、てんかんや脳波異常は、人や動物の行動に大きく影響していることがわかってきました。特に、犬の攻撃行動には深く関与していると考えられます。攻撃行動を治療し、生活を改善していくうえでは、てんかん体質は、忘れてはならない要素です。

身体の病気から起こる脳の異常

第1章でも触れましたが、身体疾患は、攻撃行動の原因となります。痒みや痛みによる直接的な不快感やストレスがその原因となりますが、なかには、身体疾患によって、直接的に脳機能に障害を与え、攻撃行動を示す場合もあります。

肝性脳症とは、慢性的な肝臓病などによって起こる病態です。動物が食べた食物は消化管で消化され、腸で吸収されます。腸ではアミノ酸等の有用な物質を吸収する一方、アンモニアなどの毒素も一緒に吸収します。そして、これらの毒素を含む血液は、肝臓に送られ、肝臓で解毒されてから、全身に送られます。慢性的な肝臓病で毒素を分解する機能が衰えると、毒素が全身に回ってしまいます。その毒素は脳機能に影響を与え、さまざまな神経症状を呈します。

ぼーっとする、頭を壁に押し付ける、ぐるぐる回る、よろけるなどの変化だけでなく、時に攻撃行動を示す場合もあります。肝性脳症を引き起こす病気としては、腸で吸収された栄養を肝臓に運ぶ門脈の奇形である、「門脈体循環シャント」も比較的多くみられます。

その他には、水頭症や、脳腫瘍、脳神経の奇形など脳神経が物理的に障害されることで異常行動が起こる場合や、甲状腺機能低下症や副腎皮質機能亢進症などのホルモンの代謝異常によって脳機能に影響を与える場合もあります。これらの身体疾患は、軽度なものから重度なものまであり、軽度な症例では、身体疾患としての症状ははっきりせず、普段は健常な犬と変わらなく見えるにもかかわらず、脳機能には影響を与えているということもあります。

このように身体の異常は、脳機能に影響を与えます。心と身体はつながっています。身体と心があって初めて行動が生まれます。身体と心と行動は不可分ということを忘れてはなりません。

脳機能の異常への対応

持続的なストレス、てんかん体質、その他の身体疾患によって、脳機能に異常があることが考えられる場合、そのままトレーニングを行っても問題行動の改善は難しいでしょうし、犬にも過度な負担を強いることになります。

脳機能の異常がある状態では、一般に学習能力が下がります。脳機能の異常があっても、学習が全くできないということはなく、学習は成立します。しかし、持続的なストレスによってもたらされる海馬の萎縮は、学習能力を低下させます。

てんかん体質についても、てんかんは記憶の形成に影響を与えることが知られています。身体疾患によって痛みや不快感があれば、学習効率が下がるのは当然のことです。

さらに、逃れられない強い恐怖を与えるような体罰を繰り返した場合、学習性無力感と呼ばれる状態に陥ることがあります。完全な学習性無力感の状態では、自発行動が消失し、一切の学習ができなくなると考えられています。

脳機能の異常は、学習能力の低下だけでなく、刺激に対する過剰な反応も助長します。小さな刺激に過度に反応する状態では、トレーニングを実施しにくい状態となります。

問題行動の治療を行ううえで、脳機能の異常を放置しては前に進めません。持続的なストレス状態が脳機能に影響していることが考えられる場合、まずは持続的なストレスからの解放が必要になります。何がストレッサーになっているかを突き止め、それを除去しなければなりません。あわせて、不安や恐怖を緩和する薬物療法が必要になることもあるでしょう。

てんかん体質が疑われる場合、脳波検査を含む各種検査や抗てんかん薬の投与も検討するべきでしょう。

問題行動の治療においては、身体疾患の除外、そして、脳機能の異常に対してケアをすることが前提となることを覚えておかなければなりません。

本章のまとめ

行動は、感覚器で外部環境の情報を受信し、脳で情報を処理し、筋肉に司令を伝達することで発生します。脳は行動の中枢です。問題行動は、正常な脳機能によっても作られますが、脳機能の異常によって作られることもあります。問題行動を考える時に、脳機能が正常なのか、異常なのか、その中間なのか、その推論を立てたうえで、対応を考えていく必要があります。

脳機能の異常はさまざまな要因で起こります。すべての可能性を除外せずに考えていく必要があるでしょう。そして、脳機能の異常が疑われる場合、トレーニングの前に、脳機能の異常に対するケアを行っていく必要があります。

第4章

犬にとっての「ストレス」とは何か？

そもそも「ストレス」とは？

多くの犬の飼い主は、犬に対するストレスについて敏感です。愛犬のストレスを減らしてあげたくて四苦八苦しており、ストレスの少ないトリミング、ストレスの少ない診察、ストレスの少ないトレーニングなど、とにかくストレスのない生活をさせたい声を耳にします。

ところで、ストレスとは、実際何を指すのでしょうか。ストレスとは、もともと工学の分野で用いられてきた言葉であり、「外から力が加えられたときに物体に生じる歪み」のことを指します。ゴムボールを外からグググッと握りつぶすと凹みますが、この凹んでいる状態をストレス状態といいます。

一方、生物学的なストレスとは「さまざまな外部刺激（ストレッサー）が加わった場合に生じる生体内の歪みの状態」を指します。熱いヤカンに触れれば火傷《やけど》し、洗剤に漂白剤を混ぜるとガスが発生して苦しくなり、風邪をひけば熱が出てだるくなります。こうしたヤカンの熱や、ガスや、病原菌はいずれもストレッサーと呼ばれます。

ストレス反応を引き起こす外部刺激はすべてストレッサーとなるため、生活環境や、社会的接触はすべてストレッサーになりえます。ストレッサーには、先に挙げた①物理的ストレッサー（寒冷・高温・熱傷）、②化学的ストレッサー（酸素・薬物・飢餓・化学物質）、③生物学的ストレッサー（細菌・ウイルス）の他に、④心理的ストレッサーがあります。

心理的ストレッサーとは、仕事のプレッシャー、社会での人間関係、経済的状態などが挙げられます。犬の心理的ストレッサーとしては、恐怖や不安を感じる自然現象（雷・台風）や状況（花火・工事の騒音）、飼い主との関わり、知らない人との関わり、他の犬との関わりが含まれます。

一般にストレスがかかると表現される時、そのストレッサーは④の心理的ストレッサーを指していることがほとんどでしょう。

ホメオスタシス

ストレッサーにさらされた生体は、発生した歪みを元の状態に戻し、平衡状態を保とうとします。生体のもつ、平衡状態を保とうとする機構のことを「ホメオスタシス（恒常性)」と呼びます。

動物は、寒い地域から暑い地域まで、水のなかから空の上まで、多様な環境で適応して生きています。しかし、実際に生体が外部環境と接している部分は、身体の表面を覆っている表皮や粘膜のみです。表皮や粘膜より外側を外部環境と呼び、これに対し、身体の内側の状態のことを内部環境と呼びます。

生体が安定して生きていくためには、自分が棲んでいる環境に変化があっても、身体の状態を一定の状態に保つ必要があります。そのため、外部環境が変化しても、内部環境を一定に保とうとする調節機構が常に働いています。この内部環境を一定の状態に保とうとする調節機構がホメオスタシスです。

たとえば、哺乳類では、外気温が低い時に、その動物の体温も低くなるかといえばそうではありません。外気温が低いという外部環境の変化に反応して、筋肉を収縮させ震えて発熱したり、暖かい場所に移動したりして、体温が下がらないようにします。

動物が正常な機能を果たすためには、大多数の細胞が正常な機能を営む必要があります。そのためには、体温、血糖値、酸素の濃度等の内部環境を最適に保たなければなりません。動物の生命は、内部環境を一定に保ち続ける力=ホメオスタシスの力によって維持されているといえます。

かといってホメオスタシスにも限界があります。生体が長時間ストレッサーにさらされ続ければ、その歪みは元に戻せなくなります。たとえば、極寒の環境に居続ければ、一時的には体温を保つことができても、長期的には体温を奪われ、凍傷になり、やがて生命を維持できなくなります。

人における心理的ストレッサーについても同じで、仕事で失敗して怒られたり、夫婦でケンカして落ち込んだりしても、一時的なものであれば、数日のうちに回復します。でも、これが毎日だったら、抑うつ状態に陥りやすくなっていき、やがて日常生活に支障をきたすようになります。

他の犬が苦手な犬では、散歩中に出会う犬に対して一時的に吠えることはあっても、家に帰ってきたら普通に生活できることがほとんどです。しかし、飼い主が他の犬に馴らそうと思って、同居犬を迎えたことにより、同居犬の存在が持続的に与えられる避けがたい心理的ストレッサーになったらどうなるでしょうか。精神的に不安定になって、家のなかでも異常行動を起こしてしまうかもしれません。

ストレス反応の正体

ストレス反応とは、ストレッサーから身を守るための反応です。ストレス反応は、脳を冴え渡らせ、筋肉を強くし、感覚を研ぎ澄まさせ、その動物のもてるエネルギーを一気に放出させる反応です。

たとえば、天敵から狙われた動物は、そのままじっとしていたら殺されてしまうので、闘うか逃げるかするために、自分にある最大限の力を引き出そうとします。心臓の鼓動が早くなり全身に血液を送り、気管支は拡張してより多くの酸素を取り込めるようにします。血流は消化管から筋肉に優先的に割り振られ、瞳孔は散大しより光を捉えられるようになります。このようなストレス反応のことを、「闘うか逃げるか反応（fight or flight response）」と呼びます。闘う、逃げるという反応の他に、固まるという反応が起こることもあるので、「戦うか逃げるかすくむか反応（fight or flight or freeze response）」と呼ばれることもあります。

ストレス反応は、２つの反応経路を介して発生します。ひとつが闘うか逃げるか反応を制御するSAM系（視床下部―交感神経―副腎髄質系）と呼ばれる反応経路、もうひとつがHPA系（視床下部―下垂体―副腎皮質系）と呼ばれる反応経路です。いずれも脳のストレス反応の中枢である視床下部からスタートし、神経と内分泌器官を介して反応が起こります。

SAM系の反応は、自律神経という神経を介した反応です。自律神経は興奮や緊張状態で有意に働く交感神経と、リラックスしている時に有意に働く副交感神経からなります。交感神経は、身体の各部位につながっており、先に挙げたような瞳孔の散大、気管支の拡張、心拍数の増加などをもたらします。交感神経は副腎髄質からのアドレナリンの分泌を促します。これらSAM系の反応は即時的なストレス反応を形成し身体の各部位がストレスに迅速に反応できるように警告を出し覚醒させます。

HPA系の反応は、視床下部の司令により、下垂体という脳の部位からホルモンが分泌されることによって起こる反応です。下垂体は、視床下部の下にくっついている袋状の脳の部位で、数種類のホルモンを貯蔵し、分泌しています。下垂体からは、成長を促す成長ホルモンや乳汁の分泌や絆の形成に関わるオキシトシンなどさまざまなホルモンが分泌されます。

そのなかでも、ストレス反応には副腎皮質ホルモン放出ホルモンが、その主役となります。副腎皮質ホルモン放出ホルモンとは、その名の通り、副腎皮質に働き、副腎皮質からコルチゾールを分泌させるホルモンです。つまり、HPA系の反応では、最終的にコルチゾールが放出されます。

このコルチゾールは、SAM系によって覚醒した器官がストレスに対処し続けるためのエネルギー源である脂肪や糖を血中に放出させるという役割を担うホルモンです。そのため、HPA系はSAM系に比べてゆっくりとした反応です。これらのストレス反応は、ストレス状態から抜け出せたら、速やかに元の状態に戻ります。

ジェットコースターに乗った時の心臓の鼓動を思い出してみてください。今まさに真っ逆さまに落ちていくという状況にあなたは身の危険を感じ、SAM系が働き心臓の鼓動が大きくなり、いつでも逃げられる態勢になります。それに合わせてHPA系が活性化、コルチゾールが分泌され血糖値が上がります。健康な人であれば、乗車後に安静にしていればすぐに平常時の状態に戻りますが、数時間経ってもドキドキしていたら、それは異常です。

このように、一時的なストレス反応は速やかにはじまり、速やかに終わるものです。

ストレス状態が続いてしまったら？

問題は、一時的なストレスではなく、長期間ストレス状態が持続した場合です。動物にとってストレス反応は、本来は長く続かない、一時的な生体防御の反応として機能しており、持続的なストレスに対応しようとすると脳も身体もついていけなくなります。持続するストレスは、常にＳＡＭ系とＨＰＡ系を活性化し続けます。そうすると、常に緊急事態が起こっているような状態になります。

一時的なストレス状態では、その問題を解決するために、脳が活性化し記憶力が高まったり、筋肉への血流が多くなり身を守る行動を取りやすくさせたりしますが、ストレス状態が長期間に渡れば、集中力や記憶力が低下したり、消化管の動きが悪くなることで下痢や便秘になったりします。

持続的なストレス状態は、精神や行動に大きく影響します。特にコルチゾールの持続的な分泌はさまざまな影響を及ぼします。コルチゾールはＳＡＭ系を活性化するので、コルチゾールが高いと闘うか逃げるか反応を起こしやすい状態となり、小さな刺激に対しても過剰に反応するようになります。

診察のなかでも、日頃の生活で、家の外の小さな物音や飼い主の些細な動きにも過剰に吠えるという相談をよく受けますが、これはコルチゾール濃度の上昇とＳＡＭ系の活性化が背景にあるのではないかと考えられます。

ストレスが悪者とは限らない

持続的なストレス状態は、心身を蝕み、異常行動や身体疾患の原因になります。ですから、問題行動の解決のためには、持続的なストレス状態から抜け出す必要があることは言うまでもありません。

しかし、できるだけストレスをなくすことが必ずしも良いとは限りません。実は、できるだけストレスを与えないようにしようとすることこそが問題で、そうすることによって、むしろ犬たちを持続的なストレス状態に置いてしまうこともあるのです。

医学の領域では、ストレスは疾病の原因であり、軽減したり除去したりしなければならないものとして取り扱われることが多いです。健康被害を発生させるようなストレスは

〝増悪因子〟とされます。これがストレスの「疾病モデル」と呼ばれるもので、ストレスが海馬を萎縮させるといった話はまさにこれに当てはまります。

一方、心理学の領域では、ストレスがあるからこそ、ストレス状況を解決しようと努力し、その結果として精神的に成長することができるとする考え方があります。これがストレスの「成長モデル」としての考え方です。人間でいえば、受験や仕事はストレスとなりますが、それを達成するために自分を鼓舞し、問題を解決し、合格や成果を出すことができれば、ストレスがあることによって自分を成長させられたと感じることも少なくないでしょう。

また、ストレスは必ずしも不快なものではなく、快ストレスと不快ストレスに分けることができます。山登りは身体にとって負担でありストレスがかかりますが、精神がリフレッシュされます。さらに次の日には筋繊維が断裂したことにより筋肉痛になりますが、1週間後には壊れた筋肉が修復され元の筋肉よりも強い筋肉が築かれます。この時、山登りはストレスではありますが、生体機能を高める快ストレスとして働いています。

つまり、ストレスは何でも避ければいいというものではないのです。パピークラスで出会う飼い主さんで、なかなか散歩に行かない人がいます。散歩に行かない理由を尋ねると、「リードが張ると嫌がるから、ストレスにならないかと思って」とのことでした。そうこうして散歩に行かないうちに6カ月になってしまったら、社会化の時期を逸してしまい、外の世界は犬にとって怖いものだらけで、生涯に渡ってストレスフルな環境で生きていかなければならなくなります。

たしかにリードが張ることは犬にとっては行動を制限されたように感じ、ストレスになるでしょう。しかし、日本では、散歩をする時にリードにつなぐことは法律で定められています。リードが張ることに馴れることは、散歩という快ストレスを得るために必要なことであり、乗り越えるべきストレスといえるでしょう。

ストレスは避けるものという概念が普及していますが、ストレスを避け続ければ、ストレスに打ち克つ能力を得ることはできません。そのまま成長すれば、ストレス耐性が低いばかりに、小さな刺激でも強いストレス反応を引き起こすようになり、持続的なストレス状態に陥ることも考えられます。

「ストレスは乗り越えるもの」という概念をもっていないと、逆にストレス過剰な犬生を送らせてしまうことにもなるのです。

犬にとってのストレス

ＳＡＭ系とＨＰＡ系、いずれの経路もストレス反応の中枢である視床下部からはじまります。視床下部は、視覚、聴覚、嗅覚、触覚、平衡感覚など、外部環境の情報を元に、今ストレス反応を起こすべきか、それともリラックスしているべきか判断しています。

ストレッサーの種類によって視床下部への伝達経路は異なります。火傷や酸欠などの物理的・化学的ストレッサーでは、直接的に生命の維持に影響を与えるものであるため、情報は感覚器から直接視床下部に伝達され、ストレス反応が形成されます。

これに対し、心理的ストレッサーは、その刺激そのもので直接生命の維持に影響を与えるわけではなく、将来的に影響があることを予想させるストレッサーであるといえます。たとえば人が猛獣に遭遇した時に、まだ怪我はしていないけれども、今後怪我をする可能性が高いことを認識してストレス反応を引き起こすわけです。人に対する恐怖症の犬が、知らない人に出会うことで、震えたり逃げたりする反応も、人を見ただけでは直接的に生命の危険があるわけではないものの、その人が自分に対して攻撃してくるかもしれないと感じることで、その状況を危険とみなし、ストレス反応を形成しています。

物理的・化学的ストレッサーに対しては、反射的にストレス反応が起こり、個体によってストレス反応の程度が大きく異なることはありません。たとえば、１００℃の熱湯を浴びればどの個体も熱傷を負い、ホメオスタシス維持に向けた各種反応が進行していきます。

それに対して、心理的ストレッサーでは、感覚情報だけでなく、学習や記憶など、その刺激に関連づいたさまざまな情報と合わせて情報処理がなされ、危険かどうかの判断が起こり、ストレス反応が形成されます。学習や記憶は個体によってまちまちですので、同じ刺激を与えても、個体それぞれのストレス反応の程度は大きく異なります。知らない人が近づいてくるという刺激に対して、恐怖心から吠えたり咬み付いたりする犬もいれば、近づいて遊ぼうとする犬もいます。

よく、「犬にとって何がストレスになっているか」と問われることがあります。物理的・化学的ストレッサーである、暑すぎる環境、寒すぎる環境、飢餓、中毒などはもちろんストレスですが、これらはわかりやすいかと思います。問題は、心理的ストレッサーです。

何が心理的ストレッサーになるかは犬それぞれの経験によって、まちまちです。動物病院に怖くて入れない犬もいれば、動物病院が大好きな犬もいる。水たまりに飛び込んでいく犬もいれば、水たまりを怖がる犬もいます。

ゆえに、その犬にとって何がストレスになるかは、よく観察してみないとわかりません。「うちの子はドッグランが好き」と飼い主が思っていて、ドッグランに頻繁に連れて行くものの、他の犬が怖いから、吠えっぱなしで終わってしまうというような相談を受けることがあります。自由に走り回ることは快ストレスになったとしても、他の犬との接触は不快ストレスになっていることが考えられます。飼い主はその犬にとってよかれと思ってやっているものの、実は快ストレスよりも不快ストレスのほうが多くなってしまっている状況です。

なでなでストレス

犬にとってストレスになるもので、代表的なものとして挙げられるのが、撫でられることです。結論からいうと、撫でられることは犬にとってストレスになることが少なくありません。
家族への攻撃行動の相談の中で「突然咬んでくる」と訴える飼い主さんがよくいらっしゃいます。そして、「突然咬んでくる」状況について詳細に話を聞いてみると、「撫でていると突然咬んでくる」というのです。以下、よくあるやり取りを紹介します。

飼い主「ウチの犬、突然咬んでくるんです」
奥　田「突然とはどんな時に咬んでくるんですか」
飼い主「そうですね、リビングで一緒にくつろいでいる時が多いです」
奥　田「リビングでくつろいでいると、突然飛びかかって来て咬むんですか」
飼い主「いえ、そうではなくて、撫でていると突然咬んでくるんです」
奥　田「撫でようとするとすぐに咬むということでしょうか」
飼い主「いえ、はじめは撫でていても大丈夫なんですが、しばらく撫でていると咬んでくるんです。突然なんです。なぜ咬むのでしょう」
奥　田「撫で続けていると咬むということですね。どのくらいの時間撫でていると咬みますか」

飼い主「そうですね。5分位すると突然……」

奥　田「なるほど、5分位撫でているとイヤになってくるのかもしれませんね」

飼い主「でも、自分から撫でてほしいと寄ってくるんですよ。撫でろって感じで」

奥　田「なるほど。近寄ってきたからずっと撫でてほしいと思っているかというと、そうではないかもしれません。人間のお子さんでも、親御さんの膝の上に乗りたがりますよね。でもずっと撫でていたらどうでしょう」

飼い主「嫌がりますね」

奥　田「そうですよね。犬はどうでしょう」

飼い主「嫌……なんですか」

奥　田「そうかもしれません。撫でられ続けることがストレスになることは大いにありえますよ」

こうした会話は、もはやパターン化しています。犬としては、飼い主の傍にはいたいけど、撫でてほしくない、あるいは、撫でてもいいけどしつこくされるのは嫌という思いを抱いているかもしれません。あるいは何らかの不安を和らげるために飼い主のそばに来ている場合や、飼い主に対するなだめ行動として飼い主のそばに来ることもあります。

そもそも、飼い主が咬まれても撫でるのをやめないのは、「犬は撫でても良いもの」「犬は撫でると喜ぶ」という固定観念を持っているからではないかと思います。メディアの影響や、「かわいい」ものを欲しがらせるマーケティングの影響など、さまざまな要因からそうした固定観念が拡散してしまっており、飼い主自身がその固定観念自体を疑うことができなくなっているように感じます。

ずっと撫でていてほしい犬もいることは事実ですが、すべての犬がそうではありません。ずっと撫でていてほしい犬はむしろ少数派ですし、ずっと撫でていてほしい犬、ずっと撫でていたい飼い主というのも、関係性として健全とは言い難く、度を過ぎれば犬依存になり、犬も人も生活に支障を来たします。

攻撃行動の予防の観点からは、撫でていると咬むという犬については、撫でられることがストレッサーになっており、攻撃行動の引き金になっている可能性が高いということを飼い主が認識し、適度な距離感を持った関わりにしていく必要があります。

体罰によるストレス

ストレスに関してもう一点、体罰的なしつけには言及しなければならないでしょう。体罰経験は、トラウマティック・ストレス、つまり、心的外傷となり、その後の生涯に大きな影響を与えます。

人間の心的外傷後ストレス障害（ＰＴＳＤ）では、主な症状として、心的外傷となった出来事を突然思い出して今まさに体験していることのように感じてしまう再体験（フラッシュバック）や、心的外傷となった出来事と似た状況を避けようとする回避、心的外傷となった出来事と似た状況で頭が真っ白になるまひ、心的外傷となった出来事を連想させる小さな刺激に対しても常に過剰に反応している過覚醒などの症状が知られています。犬が強い恐怖を引き起こすような体罰を受けた場合、回避や過覚醒に類似の症状が確認されることが少なくありません。

心的外傷とは、個人にとって心理的に大きな打撃を与え、その影響が長期間に渡って残るような精神的外傷のことを指します。犬にとって、身体を拘束されて叩きつけられることは、飼い主にその気がなくても身の危険感じるのに十分な恐怖刺激です。「咬む犬はひっくり返して、床に押さえつけて、しっかり叱らないとなおらない」と聞いた飼い主が、繰り返しその通りにしたことによって、犬に心的外傷を与えることは少なくありません。

もちろん、同じような体験をしても、深い傷を負う犬とそうでない犬がおり、それは個性によります。しかし、どのような理由であれ、犬に恐怖を与えるような体罰を繰り返すことは、犬に過度なストレスを与え、動物福祉を侵害する行為であるといえます。

飼い主が行った体罰によって心的外傷を負った犬は、飼い主が接近してくることや、飼い主からなにかされることに対して、回避したり過剰に反応するようになります。

たとえば、ケージで寝ている時に飼い主が傍を通ると唸る、首輪にリードをつけようとすると咬むなどです。飼い主からの体罰で心的外傷を負ったとしても、飼い主との関わりなしに生活できませんから、繰り返し飼い主との接触の場面があり、犬はその度にストレスを感じるようになります。

持続的なストレス状態は、不安を増大させ、飼い主への攻撃行動が表出することも多くなっていきます。そして攻撃行動に対してまた飼い主が体罰をおこなえば、更に関係は悪化していきます。飼い主もそんな生活を望んだわけではなく、犬も飼い主もストレス状態となり、解決の糸口が掴めなくなっていきます。

攻撃に出ない犬のパターンもあります。私の愛犬の柴犬の「しん」は、生後1才の頃に保健所に所有権放棄されたのち、我が家に来ました。所有権放棄の経緯は不明でしたが、異常に怖がりだということで、一般譲渡は難しく私が保護することにしました。当初、私が近づいただけでウンチを漏らしてしまうような犬でした。

3カ月ほどして私には馴れてくれたのですが、雨の日に散歩に行こうとした時、傘を見た途端震えだし、やはりウンチを漏らしてしまいました。傘に反応したのです。この反応は長い棒なら何でも起こりました。

もうひとつ苦手なのが小学生。散歩中に出会うと、排泄するウンチがないのに、粘膜まで出てきてしまいます。きっと前の家では、家族に小学生がいたのだと思いますし、長い棒で何かされた経験があるのでしょう。これらの反応は保護してから6年経った今はかなり軽減されたものの、ゼロにはなっていません。散歩中に小学生がボール遊びをしている場面に遭遇すると逃げようとしてウンチを漏らすこともあります。まったく気にならないという状況には生涯ならないだろうなと感じます。

ストレスとレジリエンス

同じストレッサーにさらされたとしても、その反応は個体によってまちまちです。軽くリードが張っただけで絶叫する犬もいれば、体中どこを触っても嫌がらない犬もいます。体罰による虐待のようなストレスフルな経験においても、その後、人間を怖がるようになる犬もいれば、ストレスから自己回復し何事もなかったように生活する犬もいます。

こうした違いが生まれる背景には、個体それぞれに、ストレス状態からの回復力や、困難な状況での精神的健康を維持する能力に差があるからです。このようなストレスへの防御とストレスからの回復能力を包括してレジリエンスといいます。

レジリエンスという言葉は、環境変化にさらされた際の生態系の回復力や、大災害に見舞われた際の人間社会の回復力にも使われる言葉です。

このレジリエンスという概念は、昨今、企業における人材育成や教育の領域を中心に注目されています。ストレス社会と呼ばれる現代において、企業においては、労働環境が悪化し、過労死などの問題も少なからず発生していますし、学校でのいじめ問題の報道は後を絶ちません。レジリエンスを育てることで、ストレスにさらされても精神的健康を維持しやすくなると考えられています。

人の心理的レジリエンスを規定する要因としては、①前向きな姿勢（楽観主義とユーモアのセンス）、②積極的な対処様式（コーピング）・学習可能性、③認知の柔軟性・認知的再評価、④倫理基準・核となる信念の設定、⑤身体的な運動、⑥ソーシャルサポート等が挙げられています。これをそのまま動物に当てはめることはできませんが、学習可能性や身体的な運動については、人と動物で共通して考えることができるでしょう。

レジリエンスを育てるためには、その個体のレジリエンスの範囲で十分に回復可能な弱いストレスに繰り返し曝露し、そのような状況は危険な状況ではなく、乗り越えることができる状況であることを経験させることが有効であると考えられています。ラットを用いた実験では、青年期のラットを、28日間、毎日5分間の拘束ストレスにさらすことで、成体になった時のストレス耐性が高くなることが観察されました。

一方、避けがたい強い社会的ストレスは、繰り返し与えられることで、反応が増大することが知られています。雄マウスは縄張り意識を形成するため、自分が縄張り意識を持っているケージに他のマウスが侵入してくると攻撃します。攻撃を受けて負けたマウスは非常に強いストレスを受けます。このストレスのことを、社会的敗北ストレスと呼びます。

社会的敗北ストレスでは、拘束ストレスと違い繰り返しさらされることで、ストレス反応が大きくなっていくことが知られており、馴れが生じにくいと考えられています。社会的敗北ストレスは、避けがたい強い恐怖を伴うストレスであることから、体罰と同種のストレスと考えられます。つまり、繰り返し体罰を行うことは、ストレス反応を増大させることになります。仮に体罰を避けるために犬が抵抗を示さなくなったとしても、非常に強い心理的ストレスを感じながら生活することになるわけです。

診察や教室での経験からいえば、社会的ストレスであっても、強すぎない適度なストレスであれば、レジリエンスを向上させる様子が観察されます。

パピークラスでは、週1回で4回のクラスを受講してもらっていますが、1回目にはほかの犬の接近に対して隠れていた犬が、4回目には自分から近づけるようになることはよく出会う光景です。他の犬に対して吠え続ける犬の改善の場面でも、落ち着いたデモ犬と一緒にレッスンを行うことで、徐々に他の犬の存在する状況への対応力が上がっていきます。ストレスに対して自分で対処できた経験や、ストレスにさらされても短時間で終わった経験を積むことによって、レジリエンスが向上し、ストレスへの対応力が高まると考えられます。

人と犬の共生のバランス

ストレスに関連して、犬との関係に罰を用いることについて質問を受けることがあります。学習理論については第5章で触れますが、罰とは、ある行動を減らすことを目的に用いられる嫌悪刺激（＝不快な刺激）のことを指します。

体罰はダメ、褒めるしつけが大切という概念から、なるべく犬にストレスをかけない、なるべく犬に不快を与えないようにしたいと考えている飼い主さんも少なくないでしょう。

もちろん、不必要なストレスをわざわざ与える必要はどこにもありません。ただ、犬が人間社会で暮らしていく以上、人と犬の利害の衝突は必ず起こってきます。犬に優しい方法が尊重される昨今ですが、犬と人の利害の調節をする際には、犬に全く負担をかけない方法はありえず、人と犬の適度な負担感のバランスを考える必要があります。

たとえば、コンセントのプラグを執拗に狙う犬がいたとします。プラグを隠せば良いかもしれませんが、家の構造上難しいかもしれない。直すことはできず、引っ越しをするしかないとします。そうなると、プラグをかじれば感電しますから、犬をサークルに入れて生活するようになるでしょう。そうすると一生サークルから出られない状況になります。それでは良くないとサークルから出せば、すぐさまプラグに咬みつくことの繰り返しになります。

この状況で、人と犬がうまく生活していくためには、犬にプラグをかじらないように教える必要があります。

この時、プラグをかじろうとした犬に、毎回「ダメ！」と声をかけたり、リードで制止したら、犬は「プラグをかじろうとしても、毎回止められるから、かじるのを止めよう」と考えるようになります。その過程では、犬はかじりたいプラグをかじれないことに対して、あるいは、「ダメ！」という声かけや、リードでの拘束に対して、不快を感じることでしょう。つまりは、個体によって程度の差こそあれ、ストレスにさらされることになります。

犬同士のコミュニケーション、人同士のコミュニケーションでも、相手に不快を予測させるシグナルを出すことによって、意志を伝えることがよくあります。犬同士の縄張り争いで牙を見せ唸ることで、縄張りを主張し、片方が譲り、片方が権利を得ます。食料やおもちゃを争って唸ることもあるでしょう。唸ることで、その後咬まれるかもしれない、怪我をするかもしれないという状況を予想させ、それが抑止力になり、コミュニケーションが成立します。

コミュニケーションのなかで嫌悪刺激を用いることは、少なからず必要なことです。人間の社会でも法律や倫理などのルールがあり、そのルールを逸脱すると社会的な罰を与えられると予測しているからこそ、ルールを重んじて生活できます。

犬と人の社会においても、ルールがあり、そのルールを逸脱したら叱られると犬が予測しているからこそ、行動を抑制しようと思うのです。

社会的な不快がまったくない世界であれば、物理的に選択可能な行動のなかで何をやっても良くなります。プラグをかじったら、自然の結果として感電し、不快な思いをすることで、その行動はなくなるかもしれません。けれども、感電すれば場合によっては死んでしまうかもしれない。感電して、自分で学ぶ前に、ストレスがかかったとしてもきちんと叱っていれば、感電することは止めることができるはずです。

犬という命を預かっている以上、やってはいけないこと・危険なことに対して、叱って止めることは必要です。それは、大きなストレスを回避するために小さなストレスを与えることを指します。それを忌避して放置することは、問題行動を発生させる主たる原因のひとつです。飼い主が犬の行動を管理できないために、犬が小さな不快を感じる度に飼い主に吠えや咬み付きで要求するようになることもあります。

人と犬が共生している以上、人と犬の共生の観点から、飼い主が犬の不適切な行動を抑止する必要は少なからずあるといえるでしょう。

「我慢の脳」がストレスを消す

人と犬が共に暮らす以上、コンセントのプラグのような利害の衝突は無数に存在し、犬にとって我慢しなければならない場面はいくつもあります。

我慢とは、「少し先の報酬を得るために、目の前にある報酬を獲得する行動をとらないこと」や「少し先の報酬を得るために、現在受けている苦痛から逃れようとする行動をとらないこと」を指します。

サークルに入るのも、散歩中に引っ張らずに歩くのも、我慢が必要です。飼い主の服を引っ張らないことも、決められた場所で排泄することも我慢です。我慢を我慢だと思わずに当たり前にできるようになっていれば、問題は起こらないのですが、それができないといろいろな問題行動が起こります。

我慢を教えられていない飼い主は、必然的に咬まれることも多くなります。我慢力のない犬は少しでも嫌なことがあると、我慢せずに、嫌なことを避けようと行動します。回避のための行動は攻撃に発展しやすいため、我慢力のない犬は咬む危険性が高くなります。

我慢力は、少し先の利益を予測し、現在の衝動を抑える能力といえます。この少し先の利益を予測している脳の部位と、現在の衝動を生じさせる脳の部位は異なっています。脳の各部位は複雑に関係しており、一部の部位だけが我慢や衝動に関わっているとは一概には言えないのですが、少し先の利益の予測を担っている脳の部位は、主に大脳にある前頭連合野という部分です。大脳の前方といえばわかりやすいでしょうか。いわゆる理性を司る部位です。

そして衝動を生じさせている脳の部位は、主に情動を司る大脳辺縁系です。大脳辺縁系には恐怖の中枢である扁桃体や、ストレス反応にも大きく関わる海馬も含まれます。

前頭連合野は計画を立てたり、計画に基づいて順序よく行動したり、適切な判断をしたり、状況を判断して、ある行動をしないことを選択したりする機能をもっており、我慢の脳と呼ばれることがあります。特に人で発達しており、大脳全体の29％を占めます。犬では7％と人に比べれば小さいですが、しっかりと我慢の脳をもっています。

また、前頭連合野は大脳辺縁系とつながっており、大脳辺縁系が恐怖やストレス、食欲や性欲などの衝動を感じた時にも、その場の状況と調和させるために、それらの衝動を緩和させる機能をもっています。前頭連合野があるからこそ、人も犬も自分の欲求だけ押し通すのではなく、他者との調和を保ち社会を形成できるといえます。

この前頭連合野の我慢力ですが、鍛えることができます。前頭連合野の特徴は、筋肉と同じで、日頃から使っているとその力が強くなっていくところです。マテの練習は前頭連合野の働きを使っていると考えられます。

マテは練習すれば練習するほど上達します。ある場面でしっかりマテができるようになったら、別の場面でもマテの上達が早くなります。これは、どんな場面のマテにおいても使っている脳の部位が共通しているからです。

そして、前頭連合野が鍛えられることで、多少不快な状況に置かれたとしても、その状況に対して「少し先にはこの状況は終わるし、そもそも一時的にこの状況に置かれることは命に関わることでもなければ、怪我をすることでもないし、飼い主さんからもマテの合図が出ているから安全だな」という判断ができるようになります。周囲の状況を判断できる能力は、衝動を抑えると同時に、ストレス反応を抑制します。この能力が育てば、多少の不快な状況に対しては過剰反応を示さなくて済むようになります。

前頭連合野の我慢力を伸ばすには、小さな我慢経験を繰り返し与えることが重要です。いきなり大きな我慢を強いるような状況では、我慢が失敗しやすくなりますので、無意味どころか逆効果になります。反対に、小さなストレスでも避け続けていると、我慢力は育ちません。我慢力育成には、中庸が大切ということです。

我慢することを教えて、小さなストレスや多少の不快な状況があっても、その先に安心があることを教えることができれば、小さなストレスは、ストレスとして感じなくなります。ストレスを避けるのではなく、多少のストレスであれば、少し先には安全があるということを教え、我慢力を伸ばしていくことが、犬が過剰なストレスを感じずに生活していくうえでとても大切なことです。

犬にフェアなルールを

しかし、当然ながらなんでも我慢させたら良いのかというとそうでもありません。人にとって不都合だから、ずっとケージに閉じ込めたままでは動物虐待です。犬だって我慢ばかりの生涯では辛いはずです。

人の利益と犬の利益が衝突する場面において、人も犬も双方我慢をしなければ、共生は成立しません。そこには、人の生活を確保しながらも、犬に最大限フェアで倫理的なルールが必要です。

とはいえ、これを設定するのは非常に難しいです。というのも、より動物にフェアなルールを追い求めればキリがないからです。

先程のコンセントのプラグの話でいえば、「感電するのでプラグをかじるのはダメ」というルールを作るのは、人と犬が共生するうえで適切なルールですが、極端にいえば、そもそもそんな家に住んでいる人は動物を飼ってはいけないということもいえるかもしれません。動物目線だけで考えれば、叱られなくて済むので、動物にとってはフェアかもしれません。しかし、現実には、人が犬を飼いたいという気持ちがまずあって、それを満たす形で、人の家に犬を住まわせています。いわば人の勝手で犬を飼っているわけで、都会のマンション住まいの人から田舎に広大な土地をもっている人まで、家にずっといられる人から留守になりがちな人まで、さまざまな状況下の人が、犬を飼育動物として利用することを前提に、犬を迎えています。

さまざまな状況のなか、犬にとってのベストは必ずしも実現しません。大切なのは、それぞれの状況下でできるだけ犬にフェアな飼育環境を提供する努力をするということです。

しかし、攻撃行動がある犬の場合、できる限り犬にフェアにするということすらままならないことがあります。飼い主や家族の安全確保が優先されるからです。小さな嫌悪刺激（リードの付け替えなど）に対しても、攻撃行動を取る場合、飼い主と犬が共生していくうえでは、双方の不快やストレスをどうやって調整し、生活を成り立たせるかを考える必要が出てきます。

犬にとっての不快をすべて避けようとすれば、散歩に行けなくなります。散歩をしないことは、犬にフェアとは言い難く、むしろストレスになります。結果、リードを付けっぱなしにするという対応になるわけですが、それも犬にとっては不快になるかもしれません。攻撃行動のある状況では、犬が全く自由に生活するということは考えづらく、何らかの制限下で生活させることになります。

できるだけ犬にフェアであろうとする時にどんなルールを設定するかは、飼い主と犬の置かれた状況によって異なります。大切なことは、人は学ぶことができ、新たな行動を率先して選択することができるという点です。

できるだけ犬のことを学び、専門家の助けを借りたうえで、どうやってこの犬と付き合っていくか、どの部分で我慢させ、どの部分で発散させるか、考えていかなければなりません。人と動物の共生に関する知識を十分に得て、人と犬、双方にフェアなルールを飼い主が責任をもって決めていくという姿勢こそが、犬を飼う上での倫理観といえるでしょう。

●この本をどこでお知りになりましたか?(複数回答可)

1. 書店で実物を見て　2. 知人にすすめられて
3. SNSで(Twitter:　Instagram:　その他　)
4. テレビで観た(番組名:　)
5. 新聞広告(　新聞)　6. その他(　)

●購入された動機は何ですか?(複数回答可)

1. 著者にひかれた　2. タイトルにひかれた
3. テーマに興味をもった　4. 装丁・デザインにひかれた
5. その他(　)

●この本で特に良かったページはありますか?

[　]

●最近気になる人や話題はありますか?

[　]

●この本についてのご意見・ご感想をお書きください。

[　]

以上となります。ご協力ありがとうございました。

郵便はがき

お手数ですが
切手を
お貼りください

150-8482

東京都渋谷区恵比寿4-4-9
えびす大黑ビル
ワニブックス書籍編集部

お買い求めいただいた本のタイトル

本書をお買い上げいただきまして、誠にありがとうございます。
本アンケートにお答えいただけたら幸いです。
ご返信いただいた方の中から、
抽選で毎月5名様に図書カード(500円分)をプレゼントします。

ご住所　〒 TEL(　　-　　-　　)	
(ふりがな) お名前	年齢 歳
ご職業	性別 男・女・無回答
いただいたご感想を、新聞広告などに匿名で使用してもよろしいですか？　(はい・いいえ)	

※ご記入いただいた「個人情報」は、許可なく他の目的で使用することはありません。
※いただいたご感想は、一部内容を改変させていただく可能性があります。

本章のまとめ

社会性のある動物は群れを作りますが、群れの仲間の利益と、自己の利益が完全に一致することはありません。ご飯も繁殖の相手も常に限られているからです。自己の利益を諦めて、仲間との調和を優先する際には、前頭連合野の我慢力が必要になります。

人と犬の関係も一種の「群れ」であり、人の利益と犬の利益が完全に一致することはありえません。利害が一致しない時に、双方が争えば怪我をします。それは双方望んでいないわけです。

共生にはストレスがつきものです。大切なのは、ストレスを嫌なものだと捉えないこと。ストレスは酸素やご飯と一緒で、少なすぎても多すぎても生きていけません。ストレスとうまく付き合うこと、ストレスを吸収して成長することが、犬にも人にも大切なことです。

第5章

攻撃行動はいかに学習されるのか？

学習理論と攻撃行動

犬の攻撃行動について考える際に必要不可欠な要素として、「学習」が挙げられます。犬がどのように学習するのかを知れば、なぜ攻撃行動が繰り返し発生するのか理解することができます。

動物は生まれながらにもっている生得的な行動だけでなく、学習によって獲得する習得的な行動をもっています。生得的な行動とは本能行動と呼ばれることもあります。たとえば、生まれたての子犬がお母さんのおっぱいを吸う行動は、生得的な行動です。一方、飼い主が「オスワリ」といったらお尻を地面に付ける行動は習得的な行動です。

ただ、犬のような高度な知能をもった生物では、どこまでが生得的な行動でどこからが習得的な行動であるのかは厳密には分けることができません。明らかな危険にさらされた時に自分の身を守るためのストレス反応が起こることは生得的なものですが、ストレス反応の結果どのような行動を取るかは、習得的な要因が大きいといえるでしょう。さらに、経験によって、状況の解釈が異なるために、ストレス反応の発現にも習得的要因が大きく関与してきます。

動物が経験のなかから習得的な行動を獲得して、行動に変化が生じることを学習といいます。「オスワリ」といっても何もしなかった犬が、繰り返し練習して、「オスワリ」といったら毎回お尻を地面に付けるようになった時、その犬は学習をしたといえます。犬が起こすほぼすべての行動に学習が関与しています。動物がどのような過程を経て学習し、行動が変化するのかを理解しようとする学問体系のことを学習心理学といい、学習がどのようにして起こるかを説明するための理論を学習理論といいます。

攻撃行動を考える際に、この学習理論をしっかり把握しておくと、なぜ攻撃行動が起こり続けるのか理解しやすくなります。

本章では、まず、学習理論の簡単なところだけ説明し、その後、攻撃行動がなぜ起こり続けるのか、学習理論を用いて説明していきます。

古典的条件づけ

学習理論は専門用語が多くて、よくわからないという方も少なくないかもしれませんが、これを知っておくと犬の行動がとてもわかりやすくなります。学習理論は、多様な理論から構成されていますが、主に用いられる基本的理論として「古典的条件づけ」という理論と、「オペラント条件づけ」という理論が挙げられます。

古典的条件づけとは、梅干しを見たら唾液が出るといった反応の学習のことを指します。梅干しを見たら唾液が出るのは、日本人だけのようです。というのも、外国人の大多数は梅干しを食べたことがなく、酸っぱいということを知らないからです。日本人は何度も梅干しを食べて酸っぱいことを知っていますから、梅干しを見るだけで、酸っぱいという味覚を感じる脳の部位が活性化して、唾液が出るということが起こります。

古典的条件づけの例として、パブロフの犬の実験が有名です。パブロフの実験では、犬にメトロノームの音を聞かせた後に食べ物を与えることを繰り返し行いました。食べ物が口のなかに入ると唾液が出るという反応は生得的な反射です。この時、食べ物のことを無条件刺激、唾液の分泌を無条件反応と呼びます。

メトロノームの音は本来食べ物に関係のない音ですから、犬は、はじめはその音に注目するだけで、唾液が出ることはありません。この時、メトロノームの音を中性刺激と呼びます。

しかし、メトロノームの音（中性刺激）と食べ物（無条件刺激）が繰り返し対提示された結果、学習が成立し、メトロノームの音だけで、唾液の分泌が起こるようになりました。このように、刺激と刺激の関連を学習することを古典的条件づけといいます。古典的条件づけが成立した後のメトロノームの音を条件刺激、メトロノームの音で引き起こされる唾液の分泌を条件反応と呼びます。

このように、古典的条件づけでは、特定の生得的な反応を引き起こす刺激（食べ物を口のなかに入れると唾液が出る）と、関係のない刺激（メトロノームの音）を、一緒に提示し続けると、関係のない刺激によって、生得的な反応が引き起こされるようになります。

恐怖条件づけ

古典的条件づけのなかでも、攻撃行動の発現に深く関係する学習が恐怖条件づけです。恐怖条件づけとは、その名の通り、本来恐怖を示す必要のない音や物などに対して、恐怖反応が関連づいてしまう学習です。

２０１１年の東日本大震災では、人も犬も大きな揺れに対して恐怖条件づけが起こりました。一部の犬では繰り返された余震により、揺れに対して恐怖条件づけが起こったことで、地面が揺れると震える、逃げる、そわそわ動き回るなどの恐怖反応が見られるようになったことが報告されています。

そうした犬は、余震が収まった後も、道路を通るトラックなどによって揺れが発生すると同様に恐怖反応を示すようになりました。元々はトラックなどの揺れに対して恐怖反応を示していなかったわけですから、地震によって、揺れと恐怖が条件づけされたことがわかります。これが恐怖条件づけの学習です。

恐怖条件づけが関連した人への攻撃行動では、飼い主や他人が接近してくること、首輪を掴まれること、頭の上に手が出てくること、身体を触られることなどの刺激と恐怖が関連づいていることがあります。これらの恐怖条件づけは、体罰的なしつけや虐待が行われたことによって学習されることが少なくありません。あるいは毛玉を取ろうとして無理にブラッシングしたことや、怪我をした際に骨折などの痛みと触られることを関連づけて学習することもあります。

本来、飼い主の接近は恐怖と関連づいていない刺激です。しかし、体罰的なしつけや、無理なブラッシングを繰り返すことで、飼い主の接近と恐怖や痛みが関連づいて学習されてしまいます。結果として、犬は、飼い主の接近に対して恐怖を感じ、恐怖対象を遠ざける、あるいは恐怖対象から逃れようとして飼い主を攻撃してくるということが起こります。

オペラント条件づけ

オペラント条件づけとは、「オスワリ」といわれた犬がお尻を地面に付けるようになるなど、ある行動をとることで、報酬が得られる、あるいは、罰を回避できるなど、行動とその結果を学習することを指します。

なぜ、犬は「オスワリ」といわれたら地面にお尻を付けるかといえば、ご褒美がもらえるからです。このご褒美のことを「報酬」とか専門的には「強化子」といったりします。ある行動の後に強化子が提示されるとその行動の頻度は上昇します。

たとえば、ある人が宝くじを買った時に、100万円当たったとしたら、その人はまた宝くじを買いたいと思うでしょう。強化子の提示はその直前の行動の頻度を増加させます。そして、行動の頻度が増加することを強化といいます。強化には正の強化と負の強化があり、行動後に良いことが起こることで行動が強化されることを正の強化、行動後に嫌なことがなくなることで行動が強化されることを負の強化といいます。

逆に、行動後に起こる環境変化によってその行動の頻度が減少することを弱化と言います。飼い主が「オスワリ」といい、犬がお尻を地面に付けた時に、飼い主が犬を強く叩いたらどうなるでしょうか。オスワリしなくなります。オスワリすると叩かれる、嫌なことが起こると学習した結果です。この時「叩かれる」ことを「罰」や「弱化子」と言います。

たとえば、路上駐車をしていて罰金を取られたら、大半の人はその後、路上駐車しなくなります。罰の提示はその直前の行動の頻度を減少させます。罰には正の罰と負の罰があり、行動後に嫌なこと（嫌悪刺激）が起こることで行動が弱化されることを正の罰による弱化、行動後に良いことがなくなることで行動が弱化されることを負の罰による弱化といいます。報酬や罰のような、ある行動の後に起こる環境変化のことを結果事象と呼びます。

犬がオスワリをする時、飼い主の「オスワリ」という声かけに反応して、犬がオスワリをすることはよく見られる光景です。あるいは飼い主がオヤツをもっていることに気づいてオスワリしているかもしれません。犬は、飼い主の声かけや、オヤツをもっていることを手がかりにして、「今オスワリしたらオヤツをもらえるに違いない」と考えて、オスワリします。この行動の前の手がかりとなる刺激のことを「先行事象」とか「弁別刺激」と呼びます。

オペラント条件づけで学習された行動については、「先行事象」→「動物の行動」→「結果事象」という3つの事象がひと続きに現れます。重要なのは、行動前に、その行動を引き起こす何らかの手がかりとなる刺激があり、行動後には、何らかの結果が与えられているということです。そして、動物がその行動を繰り返しているとすれば、その行動によって、動物にとって好ましい結果が得られ続けていると考えられるのです。

問題行動においても同じです。問題行動が繰り返し発生している理由は、その行動によって、動物にとって良いことが起こっているか、嫌なことを避けられているかどちらかの結果があると考えられます。

「痛い！」というから咬み付きが増える

子犬の遊び咬みに関して、「咬まれたら痛いといいなさい」という指導は一般的によく聞くものです。ただ、パピークラスで子犬の咬み付きに関する相談を受ける時、「痛いといってもおさまりません。それどころか余計興奮してきます」という話が少なくありません。

この時、「痛い」という飼い主のリアクションが、むしろ子犬の咬む行動の強化子になっていることが考えられます。「痛い」とか「ダメ」という言葉が、犬にとっての罰になるかと言えば、必ずしもそうではありません。「やめて！」といくらいっても、声や飼い主の動きが、犬のテンションを上げるものであれば、それは強化子になってしまいます。

子犬が、幼稚園から小学生くらいの子どもさんに対して、遊び咬みをする場合を想像してください。子どもは咬まれると「痛い痛い」と騒ぎ逃げ回るでしょう。犬にとっては、「咬む」→「子どもが逃げる」→「追いかける（楽しい）」という状況になり、もっと楽しむために、もっと咬もうと咬みつきが強化されていきます。

うちの1歳の息子も、抱っこしていると私の顔をバシバシ叩いてきますが、「痛い痛い！やめてやめて！」というと、「キャハハハー」と楽しそうに笑いながら余計に叩いてきます。多くの飼い主さんも「痛い！　やめて！」と言いながら、子犬を余計に楽しませて、咬み付きを強化していることに気づかないと、いつまで経っても咬まれ続けてしまうのです。

攻撃行動が起こる条件づけ

実際の生活上起こる行動は、古典的条件づけによる学習で形作られているか、オペラント条件づけによる学習で形作られているかという厳密な線引きはできません。攻撃行動についても、当然ながら古典的条件づけとオペラント条件づけが同時に起こっています。

たとえば、ブラシを嫌がって咬む行動の場合はどうでしょうか。犬にとってブラシはもともと恐怖の対象ではないので、ブラシを見ても嫌がりません。しかし、ブラッシングをして押さえつけられて毛玉を取ろうものなら、ブラシをかけられると痛いことが起こると学習します。ブラシ＝恐怖・嫌悪刺激と学習するのは古典的条件づけです。

さらにオペラント条件づけで攻撃行動が強化されていきます。ブラシ＝嫌い、怖いという刺激が繰り返し与えられているうちに、犬は嫌なことから逃げようとして暴れたり手に咬み付いてみたりいろいろな行動を取ります。その時、牙が手にあたった瞬間に飼い主が手を引き、逃げることができた経験をします。これは犬の咬む行動の強化子になり、行動が強化されていきます。

このやり取りが繰り返されていくうちに、ブラシを見たら、牙を見せる・唸るという行動に発展し、その行動を取ると飼い主がブラッシングを諦めるため、行動が強化され、定着していきます。

攻撃行動の負の強化

先のブラシの例も含め、犬が防衛的な攻撃行動を繰り返している時、攻撃行動の負の強化の学習が働いていることが少なくありません。犬が防衛的な攻撃行動を示す時、その動機としては、自分自身や、自分の安心できる居場所やフードなどの貴重な資源を守るためや、ブラッシング、抱っこ、首輪を掴むなど、何かをされることを避けるためであることが多いです。

フードを守って攻撃する犬の場合、フードを食べている時やフードボウルが近くにある時に、飼い主が接近してくることは、「大切な資源を奪われるかもしれない」と感じ、不快な刺激となります。フードを守るために唸った時、飼い主が接近するのを止めて、離れた場合、犬にとっては、唸るという行動の後に、不快な刺激がなくなったという結果事象が提示されます。これは唸るという行動を強化する結果となります。これを攻撃行動の負の強化と呼びます。

飼い主が首輪を掴もうとした時（先行事象）、犬が飼い主の手を咬み（行動）、飼い主は首輪を掴むのを断念した（結果事象）ということがあれば、犬は飼い主の手を咬む行動を強化します。抱っこを嫌がる、ブラッシングを嫌がるというのも同じ状況です。

端的にいえば、攻撃行動の負の強化とは、咬めば嫌なことが避けられるという学習です。そして、攻撃行動の負の強化は、一度覚えると多くの場面に応用されていきます。たとえばブラッシングに関連して攻撃行動の負の強化の学習が起こった場合、ブラッシングで攻撃するだけに留まらず、抱っこや、首輪を掴むといった別の場面においても攻撃行動が発生するようになることもしばしばです。

このように、一部で発生していた行動や反応が、他の場面でも発生するようになることを、「般化」といいます。

攻撃行動の消去

攻撃行動の負の強化の学習が進んだ状態では、さまざまな不快な刺激に対して攻撃行動を示すようになっていきます。攻撃行動の改善を考えた時には、攻撃行動の負の強化の学習を消去する必要があります。

消去とは、それまで行動後に与えられていた強化子を与えないようにすることで、強化された行動を、元の状態に戻すことを指します。攻撃行動の負の強化でいえば、飼い主が首輪を掴もうとする刺激（先行事象）に対して、唸る・咬むなどの攻撃行動（行動）を示した時に、飼い主が手を引けば（結果事象）、攻撃行動が強化されます。一方、たとえば手袋をして、攻撃行動に対して、飼い主が手を引かず首輪を掴んだまま離さなかったら（結果事象）、攻撃行動に対して、強化子が提示されない状況になります。これを繰り返すと、攻撃しても強化子が提示されないため、攻撃行動の発現頻度が下がります。これが攻撃行動の負の強化の消去です。

しかし、現実的には実施は困難です。攻撃行動が強度でなく、歯を当てる程度で、咬み付きの抑制ができていれば実施できるかもしれませんが、攻撃行動の負の強化の学習が進んだ状態では、全力で咬んでくることが多くあります。そして、攻撃行動の負の強化のような、回避行動の学習は、消去されにくい性質を持っています。速やかな消去のためには、一切の回避をさせないことが重要となり、一般の飼い主さんが行うには、現実的な方法ではありません。

そのうえ、犬にとっても高い負荷がかかります。ほとんどの場合、攻撃行動の負の強化と同時に、首輪をもつなどの攻撃行動を発生させる刺激に、恐怖や怒りという情動が関連づけられているため、首輪をもつといった強い刺激に対して、そうした情動が爆発し、強い恐怖や怒りを感じることになります。

こうした理由から、攻撃行動の負の強化の消去は、直接的に行うのはオススメできません。どうすべきかは、本章の後半でお伝えしていきます。

回避行動のスパイラル

家庭で攻撃行動が問題になるのは、攻撃行動が繰り返されているからでしょう。繰り返されているとすれば、攻撃行動に繰り返し強化子が与えられ、攻撃行動の負の強化が起こっていると考えられます。この状況を言い換えると、犬の攻撃行動によって、飼い主が〝逆しつけ〟を受けていることになります。

学習理論はあらゆる動物の行動を説明するために用いられます。もちろん人の行動も例外ではありません。攻撃行動を示す犬の飼い主の行動もまた、学習理論に則って説明することができます。そして、人と犬が共生している以上、双方の行動は、相互に関係し合いながら発達していきます。

問題行動を考える際に、「犬の問題行動」と捉えるのか、「犬と人の共生のなかで起こる問題」と捉えるのかは大きな違いです。犬の行動だけに注目していては、その問題がどのように発生しているか、理解することは難しいでしょう。

ブラシの例で考えてみましょう。犬目線で捉えると、ブラシを提示されるという刺激（先行事象）に対して、攻撃行動を示すことで、ブラシという嫌悪刺激が遠ざかるという結果が得られました。これにより、犬の攻撃行動は強化されます。飼い主目線ではどうなるでしょうか。飼い主は、犬の毛がボサボサであるという状況（先行事象）に対し、ブラシをかけようとするという行動を示し、犬に唸られるという結果を与えられています。これにより、飼い主が犬にブラシをかけようとする行動が減少していきます。

犬に唸られるという刺激は、飼い主にとって結果であると同時に、次の行動の先行事象でもあります。飼い主は犬が唸るという先行事象に対して、犬から離れるという行動を示し、犬から唸られなくなるという結果を得ることができます。これにより、犬が唸った時は犬から遠ざかるという行動が強化されていきます。なかには、犬に唸られた時に、犬の機嫌を取ろうとオヤツを与えてしまう飼い主もいます。この場合も、オヤツを与えると唸りや吠えが止まるために、飼い主がオヤツを与える行動が強化されていきます。

犬に咬まれることを回避するための飼い主の行動や、飼い主から嫌なことをされることを避けるための犬の行動を、回避行動と呼びます。回避行動とは、嫌なことが起こる未来を予測させる刺激が提示された時に、その嫌なことを避けるための行動です。

回避行動の結果、嫌なことを避けられたということは強化子になりますから、回避が成功し続ける限り、回避行動は強化されていきます。

犬はブラシなどの刺激に対して、嫌なことが起こると予測し、唸る・牙を見せるといった回避行動を取ります。そして飼い主は、犬の唸り声・牙という刺激に対して、嫌なことが起こると予測し、犬から遠ざかるあるいはオヤツを与えるなどの回避行動を取ります。

回避行動のスパイラル

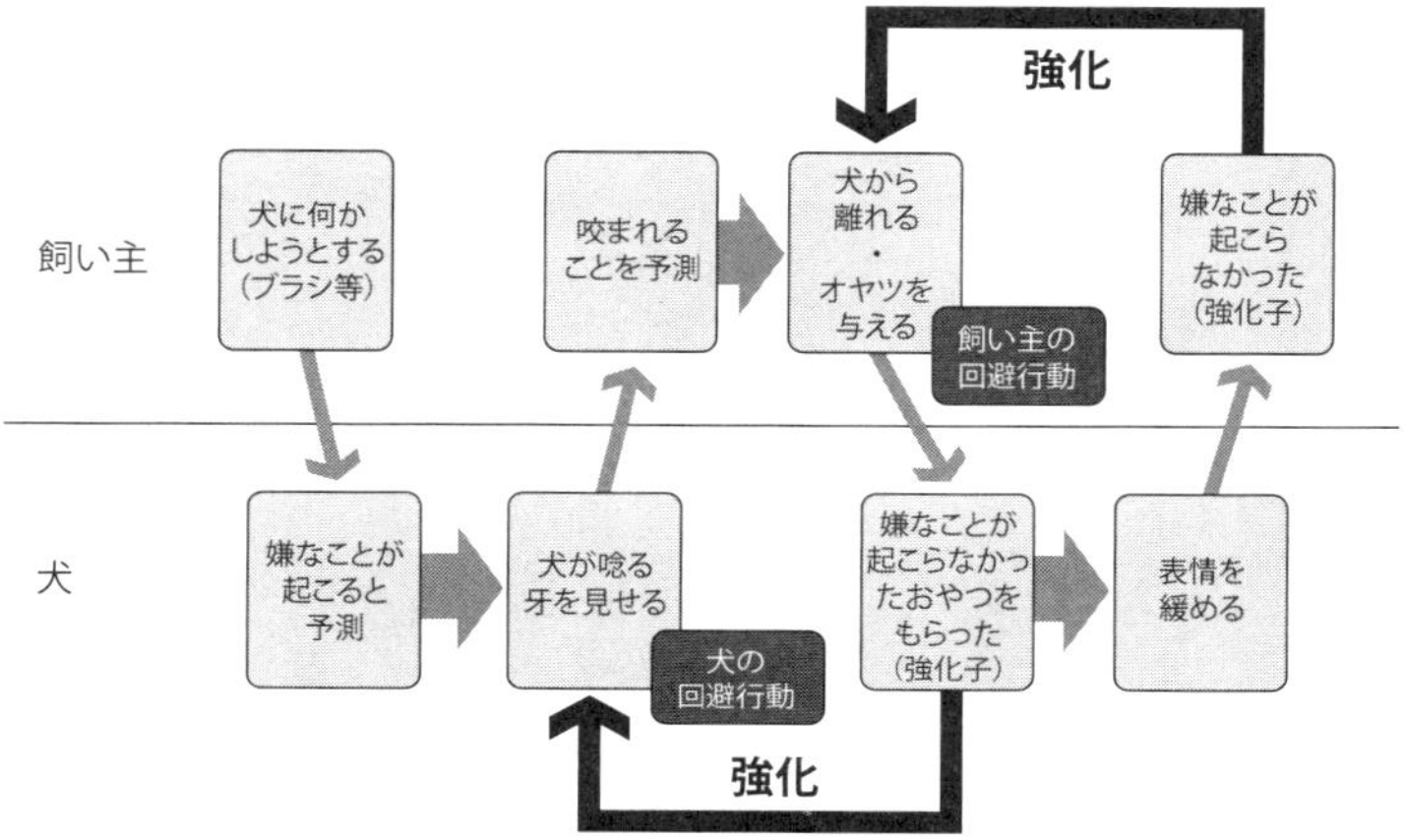

しかも悪いことに、この回避行動は、徐々に般化されていきます。場合によっては犬よりも飼い主の般化のほうが深刻になります。

はじめは唸られた時だけ回避行動を取っていた飼い主も、回避が失敗して繰り返し咬まれてしまうと、犬が唸っていなくても、犬が固まるだけで回避行動を取るようになります。首輪をもつだけでも犬が緊張して固まることはありますから、段々と首輪を変えることが怖くなったり、触ることも怖くなってしまって回避するようになったりします。飼い主が回避行動を強化していくなかで、犬も回避行動を強化していきます。

つまり、犬にとって少しでも嫌なことがあった時に、固まる・唸る・牙を見せるといった回避行動を取ると、すぐに飼い主はやめてくれるようになっていますから、回避行動の有用性が増し、使用頻度が高まっていきます。徐々に、回避行動を取る状況が般化されていき、いろいろな状況で用いるようになり、より弱い嫌悪刺激に対しても回避行動が発現するようになっていきます。

このように回避行動が相互に強化されていく過程を、私は「回避行動のスパイラル」と呼んでいます。

犬と飼い主の回避行動のスパイラルが進んでいくと、飼い主は犬に対してできることがどんどん減っていきます。犬を怒らせないように生活して、犬の嫌なことは何ひとつできなくなります。

無意識に犬の嫌がることを避けるようになり、特定の場面以外の攻撃行動が表面化しない例もあります。「抱っこするときだけ嫌がって唸って咬むんです」という相談のとき、本当に抱っこだけなのか聞いていくと、「サークルに入れようとすると嫌がるから、サークル普段使っていない」「ハーネスを付けることはできないので、使っていない」などの答えが返ってくることがしばしばです。

つまり、犬が嫌がることを避けているから攻撃行動が発生していないだけで、仮に少しでも犬の嫌がることをしたら、かなりの確率で攻撃行動が発生するという状況に陥っています。

すべての攻撃行動に回避行動のスパイラルが起こっているわけではありませんが、深刻化している攻撃行動では、少なからずこうしたスパイラルが発生しており、飼い主に対する攻撃行動を考えるうえで、重要な要素といえます。

飼い主の態度の影響

攻撃行動への対応を考える際に、回避行動のスパイラルをいかに止めるかは重要な命題です。回避行動のスパイラルから抜け出すには、犬に直接アプローチするのではなく、まずは飼い主が行動を変化させることが肝要です。犬の行動を変えようと思っても、犬の行動は飼い主との相互作用のなかで発生している行動なので、飼い主が変化しなければ、犬の行動も変わりません。そして、犬の行動を変えるよりも、飼い主の行動を変えるほうが現実的です。

しかし、攻撃行動のある犬の飼い主の多くは、咬まれることに対して恐怖心を抱いています。何度も咬まれて痛い思いをしていたら当然です。犬の行動だけを変えることはできないので、飼い主が変わらざるをえないのですが、飼い主自身の行動を変えることも困難が伴います。

回避行動のスパイラルから抜け出すためには、飼い主が無意識に避けている「犬にストレスがかかるようなこと」を敢えて実施することが必要になります。もちろん、犬にストレスがかかることですから、不必要な行為でストレスをかけるべきではありません。たとえば服を着なくても良い犬種に、無理に服を着せるというのは避けるべきです。それは飼い主の身勝手であり、犬にフェアとは言い難いです。しかし、飼い主や家族が安全に生活するためにサークルに入ってもらうことは、犬にとってはストレスかもしれませんが、飼い主と犬が共生していくためには必要なストレスといえるでしょう。

回避行動のスパイラルによって強化された犬の行動は、嫌悪刺激を回避する行動です。回避行動の強化が進んだ状態では、小さなストレスに対しても強い回避行動を示すようになっています。飼い主側も、回避行動が強化されていることによって、犬にストレスを与えないように細心の注意を払っているため、小さなストレスを与える機会も減っています。

回避行動のスパイラルを止めるには、まず飼い主が自分の犬に対する態度について自覚的になることが必要です。恐怖心を抱いていることも含めて、犬にストレスになるようなことは避けているという今のあるがままの状態を客観視しましょう。そのうえで、どのように変わっていけばいいのかを考えていきましょう。

飼い主のリアクションが犬の行動を作ります。できない部分は専門家に任せて、できるところから少しずつ、自分自身の改善に取り組んでいくことが大切です。

回避行動のスパイラルから抜け出すために

回避行動のスパイラルに陥っている時、犬は飼い主から何かされるのではないかと感じ、飼い主はいつ咬まれるかわからないと思っています。双方に不信感を抱いている状況です。

この状況から抜け出すために、第一に行うべきは、互いに安心できる関係性を築くことです。そのためには、攻撃行動を引き起こさない場面で、円滑なコミュニケーションを確

回避行動のスパイラルを断ち切る過程

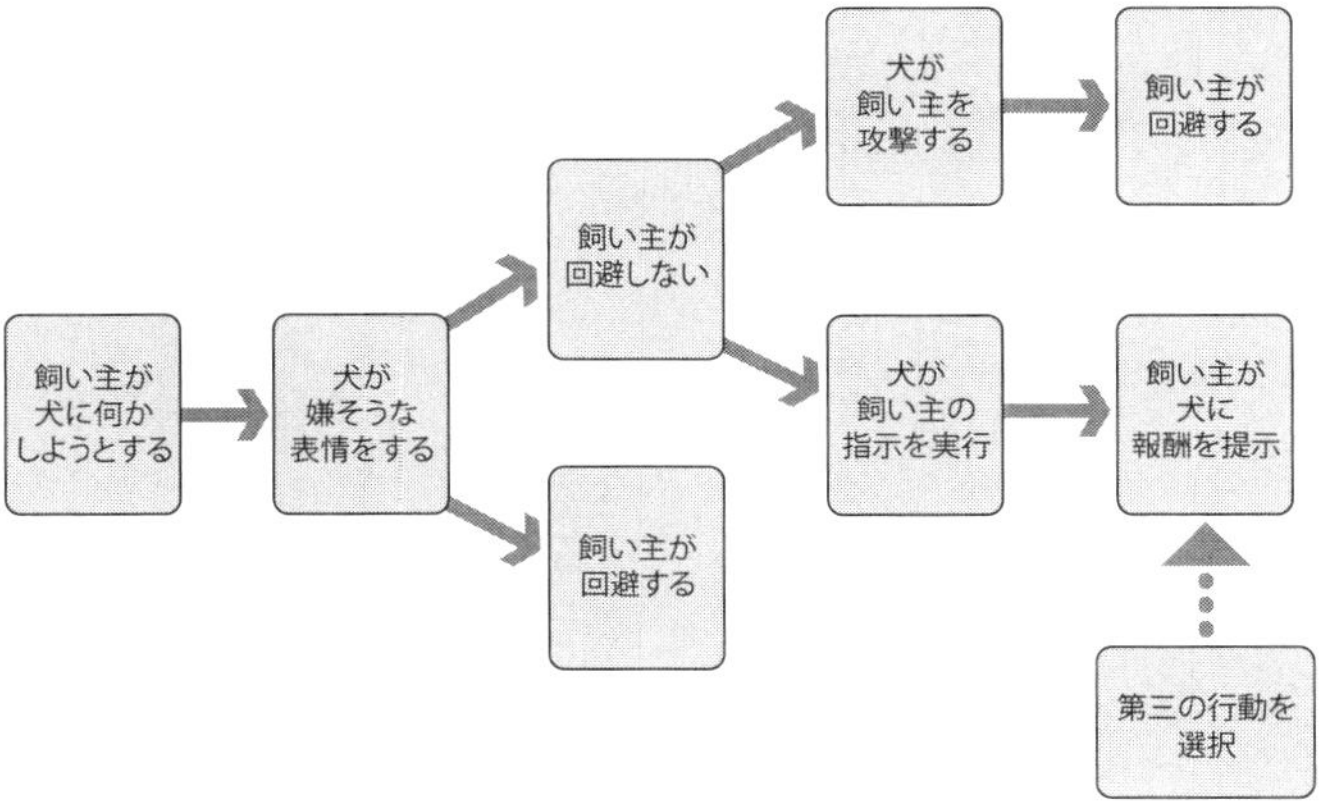

立することが大切です。オスワリ・フセ・マテ・ハウスなどの基本動作を飼い主の指示で確実に行えるようになれば、飼い主は犬を管理できる自信がつき、犬は飼い主の意図を察知しやすくなり、互いに安心できる関係性に近づくでしょう。

対立的なトレーニングを行うのではなく、互いにリラックスした状態で、オヤツなどの報酬を用いたトレーニングを行うことが重要です。飼い主の指示に従って基本動作ができることは、攻撃行動改善の基礎部分です。

最低限、基本動作ができるようになってから、攻撃行動に関わるトレーニングを行っていくことになります。攻撃行動に対するトレーニングといっても、攻撃行動をわざと起こさせて、それを叱るというような方法は用いません。

ここで重要になってくるポイントが、飼い主の行動に対して、犬が回避行動を取ったとしても、必ずしも咬むという段階の行動までは発展しないということです。犬が咬む行動をとる前段階には、鼻をなめる、目をそらす、首をかく、固まる、牙を見せる、唸る、歯を当てるといった多様な段階があります。これらの行動は犬のストレスサインなのですが、飼い主は、このような行動を見て、犬が嫌そうな表情をしていると判断しているわけです。そして、弱いストレスを与えた場合では、咬むという強いストレス反応ではなく、鼻をなめる、目をそらす、首をかくなどの弱いストレス反応が起こります。

同時に、飼い主は犬に対して、弱いストレスがかかった時に、どのような行動を取ればストレスから解放されるのか、トレーニングを通じて教えることができます。犬がストレスがかかった時の対処法を学ぶことは、その犬のストレスへの適応力を伸ばすことにつながります。

犬が嫌そうな表情をした時に、飼い主が回避すれば、回避行動のスパイラルに陥っていきます。飼い主が回避しなければ、犬が飼い主に攻撃するか、犬が攻撃以外の行動を実行する（固まって何もしないことも含む）かのどちらかです。その際に、飼い主が別の第三の行動（たとえばオスワリ）を指示し、犬がその行動を実行でき、さらに飼い主がその行動に対してオヤツなどの報酬を与えることができれば、犬は、攻撃以外の方法で、ストレスから解放される行動の選択肢を学習することができます。

飼い主が回避するでもなく、犬が攻撃するでもなく、第三の行動を選択できるようになっていけば、ストレスがかかった際に調和的な行動を選択することができるようになっていきます。

この状況を導くためには、飼い主はどうすればいいのでしょうか。ひとつは、攻撃行動に直結する刺激を用いずに、犬にとって弱いストレスがかかるような指示を完遂できるようになることです。

たとえば、抱っこしようとすると咬む、捕まえようとすると咬むというような犬の場合、抱っこや捕まえるといった刺激は、直接攻撃行動に結びつきます。しかし、マテという指示であれば、直接攻撃行動に結びつくことはありません。

マテにもいろいろありますが、何かをしたいのにマテをしなければならないという状況が練習には適しています。散歩に行く時に出入り口でマテをさせるような場面を考えてみてください。

犬は早く外に出たいけれど、マテをさせられます。飼い主が根気強く3秒マテできるまで外に出さないと決めて臨んだとします。犬は早く外に出たいという衝動を抑えないと、最終的に外に出られないわけです。当然葛藤が生じ、なんとか飼い主を振り切って外に出ようとします。飼い主は通せんぼしたり、リードを短く持ったりして対抗します。やがて、犬は「マテをしないと外に行けない」ことを理解して、3秒待って外に出るようになります。

このプロセスは、飼い主が犬にマテをさせようとして、犬が嫌がっても飼い主が回避せずに、最終的に犬が飼い主の指示を実行し、飼い主がそれに報酬を与えるというものです。

このようなプロセスは、実は生活のなかで無数に存在します。ハウスに入ることもそうですし、引っ張らずについて歩く場面もそうです。特にマテの実践は重要で、衝動を抑える行為は犬にストレスを与えますが、そのストレスを落ち着いて処理できるような行動を強化することで、ストレスに対応できる犬に育てていくことができます。

ただし、過度のストレスは葛藤を生み、攻撃行動の原因になることもありますので、慎重な実施が必要です。闇雲に我慢させれば良いわけではなく、その犬の精神的能力を見極めて、無理のない範囲で、適度なストレッチを行う必要があります。

そして、犬が軽いストレスにさらされても、衝動を我慢して、飼い主の指示を実行できる場面が増えてきた時、犬は軽いストレスであれば、攻撃する以外の行動を選択して、そのストレスに対応できるようになっていきます。

このような、犬が軽いストレスを克服できるようにしていくようなトレーニングを繰り返していくことで、徐々に耐えられるストレスの範囲が広がり、攻撃行動を発生させるようなストレスに対しても、強くなっていきます。

ここでいう軽いストレスとは、攻撃行動を発生させない程度のストレスを指します。ギリギリを攻めるのではなく、確実に大丈夫な範囲で、弱いストレスを徐々にかけていくようにします。

一方、ストレスのかけ方が弱すぎれば、それは回避行動と同じになってしまいます。それぞれの犬と飼い主に合わせた、塩梅がどうしても必要になります。それはプロのトレーナーにみてもらうのが一番です。攻撃行動をもつ犬のトレーニングには危険が伴います。決して飼い主だけで行ってはいけません。必ず専門家の助けを借りるようにしてください。

脱感作&拮抗条件づけ

攻撃行動を直接的に引き起こさない軽度のストレスがかかるような状況に対して、落ち着いて行動できるようになり、オスワリ・フセ・マテなどの基本動作が飼い主の指示で確実にできるようになってきたら、いよいよ直接的に攻撃行動を誘発する刺激にアプローチしていきます。

たとえば、飼い主が手で頭を撫でてくることに対して嫌悪感をもっており、頭を撫でられることを避けようとして、手を咬むという攻撃行動を示す犬に対して行動修正をする場合を考えてみましょう。

現在の「頭を撫でられること＝嫌なこと」という認識から、「手で撫でられること＝良いこと」という認識に変えていくことができれば、飼い主が頭を撫でても咬まないという状態を作れます。これを行うためには、「脱感作」と「拮抗条件づけ」という方法が用いられます。

脱感作とは、感作された刺激に対して、少しずつ曝露することで、感作を解いてく方法のことです。感作とは、ある刺激に対して、過剰反応するようになった状態のことで、この場合、「飼い主が手で頭を撫でる」という刺激に対して強い恐怖心を関連づけている状態のことを指します。

脱感作では「飼い主が手で頭を撫でる」という刺激を弱くして犬に与えます。「飼い主が手を頭の上にかざす（頭には触れない）」などがそれにあたります。回避や攻撃行動を発生させない程度の弱い刺激を繰り返し与え、徐々に「飼い主が手で頭を撫でる」という刺激に近づけていくと、脱感作、つまりは馴れが生じ、「飼い主が手で頭を撫でる」刺激を与えても、攻撃行動が発生しなくなります。

拮抗条件づけでは、脱感作に加えて、「飼い主が手を頭の上にかざす」という刺激の後に、犬にとっての快刺激を与えます。嗜好性の高いオヤツ等がそれにあたります。「飼い主が手を頭の上にかざす」という刺激の後に、オヤツを与えることを繰り返すことで、「飼い主が手を頭の上にかざす＝良いこと」と認識するようになります。その後、徐々に「飼い主が手で頭を撫でる」という刺激に近づけていくことで、「飼い主の手で頭を撫でる＝良いこと」という認識に変えていくことができます。

実際に脱感作、拮抗条件づけをしようとする場合は、問題行動のきっかけとなる刺激が何か詳細に検討し、その刺激が飼い主によって制御可能な刺激でなければ実施できません。たとえば、お祭りの時に鳴る花火の音に対して脱感作しようとしても、花火の音は音量を調節できませんし、いつ音を鳴らすかも調節できないので実施できません。

また、必ずしも脱感作・拮抗条件づけをしなくても済む場合もあります。爪切りができない柴犬の飼い主さんが来たことがあったのですが、散歩することで爪は削れるようでしたので、それはしっかり散歩に行けばいいという話になりました。人との生活に必ずしも必要のないものまで脱感作、拮抗条件づけする必要はありません。

脱感作では、できるだけ弱い刺激を、多数回繰り返して与えていくことで、プロセスを順調に進めることができます。首輪を掴まれることで攻撃行動を発現する犬の場合、いきなり首輪を掴むのではなく、まずは手を顔の付近に伸ばす、頭の上に手をかざすといったように、首輪や頭に手を近づけることからはじめる必要があります。

拮抗条件づけでは、対提示される快刺激が、不快刺激をカバーして余りあるくらいの快情動を起こさせるものであるほうがうまくいきます。端的にいえば、日常的に食べるフードを使うより、犬がすごく欲しがる好物をオヤツとして使うほうがうまくいきます。

脱感作・拮抗条件づけの理論は、攻撃行動の改善に非常に重要ですが、実際の改善の場面においては、簡単にうまくいくものではありません。攻撃行動が定着している状態では、攻撃行動を引き起こす刺激が多岐に渡っており、それらひとつひとつに脱感作・拮抗条件づけをおこなうことは事実上不可能な場合もあります。

また、いくら慎重に進めても、咬まれる危険性はゼロにはなりません。身体を拘束したり、頭や首付近に手を出すと咬む行動を覚えた犬の場合、頭の上10センチまでは咬まないけど、8センチまで近づくと咬むというようなことも起こります。脱感作・拮抗条件づけは失敗したら、負の強化が働くことになり、むしろ攻撃行動を強化してしまうことになります。

また、咬まれた飼い主も恐怖心を強くしてしまいます。うまく脱感作・拮抗条件づけが進む場合もありますが、必ずしもうまくいくわけではありません。先にも述べたように、攻撃行動を引き起こさない部分で、まずは円滑なコミュニケーションを確立することが重要です。それすらできていない状態では、脱感作・拮抗条件づけを実施することは困難です。

犬との関わりのなかで、犬の表情をよく読み、じっくり時間をかけて、安心感を与える必要があることを忘れてはいけません。具体的な手技は、個々の症例によってオーダーメイドで考えていかなければなりません。繰り返しになりますが、攻撃行動への対応は、専門家と二人三脚で進めていくことが大切です。

本章のまとめ

「犬の行動に関する学習」というと、ついつい犬の学習だけに注目してしまいがちです。しかし、犬は飼い主と生活しており、犬と飼い主が互いに関係し合いながら学習が起こります。犬が飼い主のどんな行動を見て、どのように反応し、どのように学習しているか、飼い主自身の行動を含めて考えることができれば、攻撃行動が繰り返される理由も自ずと見えてくるはずです。

すでに何度も咬まれていると、犬が怖くなっていると思いますが、犬と人の相互関係を整えるトレーニングを介して、飼い主の恐怖心を取り除いていくこともできます。攻撃行動の改善では、飼い主が冷静に、心穏やかに犬と接することができるようになることが第一です。犬の行動に注目するだけでなく、飼い主自身の行動に目を向けられるようにしていくことが、互いにフェアな関係を築くことにつながります。

第6章

「遊び」咬みの解決法

甘咬みと本気咬み

ここまで犬の攻撃行動について、さまざまな角度から説明してきました。ここからはいよいよ咬み付きに対する具体的な対処の方法を考えていきます。本章では咬み付きのなかでも、子犬の頃によくみられる「遊び」に関連した咬み付きへの対応について述べていきます。

咬む行動への対応を考える時にまず大きく分けられるのが、人を咬むのか、物を咬むのかという点です。本書のテーマは人への咬み付きですから、物への咬み付きについてはここでは割愛します。

咬みつきの分類について、慣用的に用いられている表現が「甘咬み」と「本気咬み」です。そもそも、甘咬みと本気咬み、その差は何でしょうか。「子犬だから甘咬み、成犬だから本気咬み」と思いがちですが、犬の年齢で分ける分類は、攻撃行動の本当の姿を見えなくしてしまいます。

犬が咬む行動を分類する際には、「動機づけでの分類」と、「咬み付きの力の程度での分類」という2つの軸で分類できます。飼い主さんは、咬み付きの力が弱ければ甘噛みだから大丈夫と思いがちですが、重要なのは、咬みの力の強弱よりも動機づけです。

咬み付きの動機づけはさまざまなものがありますが、大まかには「遊び」か「防衛」かという違いで分類することが可能です。ちなみに、「遊び」でも「防衛」でもない咬み付きに「捕食」があります。「捕食」は鳥や小動物、場合によっては動くおもちゃに対する、捕食を目的とした行動ですので、飼い主に対して起こることはほぼありません。

捕食を除くと、犬の咬み付きの動機づけは、遊びか防衛かという大きく2つに分類されます。ここではそれぞれ、「遊び咬み」「防衛咬み」と呼称することとします。

遊び咬みには、遊んでいて興奮して咬む、飼い主の関心を引くために咬むということが含まれます。飼い主が何もしていなくても、犬のほうから積極的に咬んでくることが特徴です。

一方、防衛咬みは、触られるのを嫌がる、接近されるのを嫌がる、拘束を嫌がる、フードを守る、物を守る、居場所を守る、縄張りを守るなど、何かしら飼い主や外部からの働きかけや、それを予測させる刺激があって起こります。資源を奪われるかもしれない、自分自身に危害が加えられるかもしれない、嫌なことをされるかもしれないという危機感から、資源や自分自身を守るため、嫌なことをされないために発生することが特徴です。

さらに遊びか防衛かという点は、完全に分けられるものではなく、混在している場合もあります。若年期くらいの犬でよくあるのが、犬が遊び欲求から飼い主に近づき、飼い主の手やスリッパを咬みはじめ、飼い主がそれを止めさせようと犬を抱っこしたところ、抱っこの拘束から抜け出そうとして防衛的な咬み付きをするという状況です。この場合、咬みはじめた時は遊びだったが、抱っこされた時は防衛になっており、両者が混在している状態になります。

攻撃行動への対応を考える際には、今発生している攻撃行動が、左の表のどこに位置づけられるのか検討する必要があります。動機づけを判断するには、それなりの知識と経験が必要です。

飼い主さんが安易に「遊び」と判断していたら、実は「防衛」だったということもあります。攻撃行動は対応を誤れば深刻化しやすい行動です。飼い主さん自身の判断だけで考えるのではなく、適切な専門家に相談するようにしてください。当然ながら、防衛の咬み付きのほうが深刻で、破滅的な咬み付きに発展する可能性が高いです。そして、動機づけによって、対応方法も全く異なります。

咬む動機と咬みつきの強さ

咬む動機づけ	咬みつきの強さ：強い	咬みつきの強さ：弱い
防衛目的 何か貴重な資源を守る、得ることが目的	咬みの強さを抑制しない防衛的な攻撃行動。飼い主は本気咬みと認識しており、緊急な対応が必要。	咬みの強さを抑制した防衛的な攻撃行動。飼い主は甘咬みと認識しているが、原因は深刻であり、早急な対応が必要
遊び目的 飼い主の関心を引くことや遊ぶことが目的	遊び関連性攻撃行動だが、咬みの強さが強いもの。強く咬むほうが飼い主のリアクションが面白い場合、強く咬むことが強化されていく。	咬みの強さを抑制した遊び関連性攻撃行動。子犬の時期によく見られる。別の遊びを用意すれば収まることが多い。
捕食目的 攻撃対象を捕食することが目的	獲物を狩る行動。落ち着き払った行動であり、緊張や興奮は少ない。捕食性攻撃行動が人に向けられることは少ないが、向けられれば致命的。	――

もちろん、この表が万能ということはなく、すべての咬み付きをこの分類法で分類することは難しいです。葛藤を生じることによって起こる攻撃行動では、尻尾を追ってぐるぐる回っていたと思ったら、おもむろに飼い主に咬み付いてくるということもありますし、インターホンの音に反応して吠えていたかと思ったら、突然近くにいた飼い主に咬み付くこともあります（転嫁性攻撃行動）。

いずれにしても、深刻な攻撃行動では、状況をつぶさにヒアリングし、客観的に動機づけを検討することが必要です。

子犬の咬みつきは自然な行動

成犬の深刻な攻撃行動は、多くの場合、防衛目的の攻撃行動です。もちろん、成犬の咬み付きのなかにも遊び欲求を動機付けとしたものも含まれますが、それはこれから説明する子犬の咬み付きの分類を応用できます。

一方、子犬は、遊び咬みが多い分、攻撃行動の動機づけとして「遊び」か「防衛」かの見極めを行うことが重要です。

子犬の咬み付きは、多くの場合、遊び咬みです。子犬は、遊び欲求が高く、なんでも口に入れて調べようとし、口を使って物を運び、子犬同士咬み合ってコミュニケーションを図っています。子犬の口は、人間の赤ちゃんの手と同じです。口を使って環境にアプローチすることは、子犬にとって自然な行動です。子犬が人の手に咬み付く行動もその延長線上にある行動で、決して異常な行動ではありません。

ただ、遊び咬みであっても、子犬の歯は鋭く、飼い主の手に傷ができてしまいます。飼い主がどう対応していいかわからなければ、子犬にとって自然な行動であっても、飼い主にとっては問題行動になります。

また、子犬だからといって、防衛的な咬み付きが発生しないことはありません。抱っこすると咬む、ブラッシングをすると咬む、足を拭くと咬むといった攻撃行動が発生することは少なくありません。子犬の時点での防衛的な咬み付きをしている犬は、将来的に深刻な咬み付きに発展するリスクがかなり高くなります。

子犬の咬み付きの分類

子犬の咬み付きを分類すると、おもに以下の４つに分けられます。

①遊びの最中に興奮してきて咬む（遊び咬み）

サークルから出してボールやロープ、あるいは追いかけっこなどをして遊んでいると、はじめは咬まないのに、徐々に興奮してきて、手など身体の一部に咬み付くようになるパターンがこれに当たります。

犬は遊びの欲求が高く、犬同士で遊ばせると咬み付き合って遊ぶ姿が見られます。それと同じで、飼い主と遊ぶ時も自然に口を使います。また、動くものを捕まえようとする行動も本能的な行動として発現します。遊びのなかで興奮してきた時に、目の前で動く手や足に咬み付くということはごく自然なことです。

さらに、手や足を咬んだ時に飼い主が犬をより興奮させるようなリアクションを取ると、咬み付きが強化されていきます。咬まれた時に、「痛い！痛い！」といいながら、手を隠したり、左右に動かしたり、足をばたつかせた場合、犬にとっては、手足が逃げる＝手足を追いかけたいという欲求が働き、余計に楽しいゲームになってしまうことがあります。

子どもが咬みつきの標的になっている場合、子どもは特に強く反応するので、犬が余計に興奮し、咬みつきを強力に強化していくこともあります。

②飼い主から無視されている時にかまってほしくて咬む（遊び咬み）

サークルから出して自由にしているにもかかわらず、飼い主が犬の相手をせずに放置している時に、飼い主が履いているスリッパや靴下を咬んでくるようなパターンがこれに当たります。

咬む場所は必ずしもスリッパや靴下だけでなく、飛びかかって太ももや二の腕を咬む、寝転がっている飼い主の髪の毛を咬むということもあります。共通点は、飼い主が犬のことをかまっていない時に発生するという点です。

子犬はせっかくサークルから出たならば、遊びたいと思うのが自然です。そんな時、飼い主の履いているスリッパに咬み付けば、飼い主はヤメテ！　ヤメテ！　といいながら、スリッパを動かして引っ張りっこをしてくれます。飼い主としては、嫌だから本気でやめさせようと思っているかもしれませんが、犬からしたら、遊んでくれていると感じて、余計に咬みたくなるという悪循環（犬からしたら好循環）に陥っていきます。

③撫でようとすると咬む（遊び＋防衛）

サークルのなかにいる犬に対して、あるいは、飼い主さんのそばに寄ってきた犬に対して、撫でようとした時に手を咬むというパターンがこれに当たります。この行動には、遊びと防衛どちらの動機づけも関与している可能性があります。

遊び咬みのパターンは、普段から手をおもちゃにして遊んでいると発生しやすくなります。手を咬ませて遊ばせていると、手が出てくるという刺激と、手を咬んで遊ぶという行動、遊んだことで楽しかったという結果が関連づいて、手が出てきたらその手を咬むという行動が強化されていきます。

飼い主が意図的に手で遊ばせていなくても、咬まれた時の飼い主のリアクションが犬にとって楽しいと感じられていれば同じことになります。この状況は、①「遊びの最中に興奮してきて咬む」という状況とほとんど同様の動機づけと考えて差し支えないでしょう。

一方で、犬が、飼い主に触られることや捕まることに、嫌悪感を関連づけている場合は、防衛や嫌悪感から咬むということが起こります。手が出てくると、その後に、抱っこされて拘束される、ブラッシングをされる、ケージに閉じ込められるなど、何か嫌なことをされると感じ、捕まらないようにするために手を咬むという行動を取っている状態です。歯を当てることで、捕まることが嫌であるという意思を飼い主に伝えている状態といえます。犬が咬んだことで飼い主が手を引けば、咬めば逃げられると学習して、咬む行動を強化していきます。

撫でられることそのものを嫌がっている犬も少なくありません。犬を褒める時に、甲高い声で「お利口だねー」といいながら、両手で顔を挟んで高速で撫で回す人が少なくありません。撫でられることに十分に馴れていない子犬が、家に来た途端に急にグシャグシャに撫でられるという状態です。当然ながら、犬はびっくりしますし、「撫でられること＝嫌なこと」という学習が進んでしまいます。

特に気をつけたいのが、ムツゴロウさんこと畑正憲《はたまさのり》さんがテレビ番組のなかで動物と触れ合う時のような撫で方です。犬の褒め方、撫で方として、勢いよく、ゴシゴシ撫でるような方法は、適切ではありません。もちろん個体差があるので喜ぶ犬もいますが、嫌だと感じている犬も大勢いることを意識することが重要です。

撫でようとすると咬むという行動のなかには、手の接近と遊び欲求が結びついて起こるもの、手が近づいてくると嫌なことが起こるという感情から起こるものだけでなく、その2つが同時に発生し、相対する感情から葛藤を生じて起こることもあります。まずは、しっかりと見極める事が重要です。

④拘束しようとすると咬む（防衛）

抱っこする時、首輪を掴んだ時など、体を拘束される際に咬むパターンです。抱っこしている時に逃げようとして咬む、首輪を掴んでいる時にその手から逃れようとして咬むというような状態です。

具体的には、ハウスに入りたくないのに飼い主がハウスに入れようとする場面や、ブラッシングされたくないのに飼い主がブラッシングしてくる場面で、これらを避けようとして、攻撃行動が発生します。

こうした犬では、「オイデ」で飼い主のもとに来ない、「ハウス」でハウスに入らない、捕えようとすると逃げる・隠れるなどの行動と併発していることが多く見られます。飼い主はなかなか自分の意図どおりに犬を管理できず、また管理しようとすれば咬まれることになり、徐々に飼い主は犬の嫌がることを避けるようになります。

そして、第5章で解説したような回避行動のスパイラルに陥っていきます。さらに発展するとリードをつけられることに対しても嫌悪感を抱くようになったり、ケージの扉を閉めようとすると唸るようになったりと、多くの場面に攻撃行動が発生していきます。

防衛咬みである、③の「撫でようとすると咬む」の中でも手の接近に嫌悪感があるものや、④の拘束しようとすると咬むという状態を改善していくためには、手の接近や拘束に馴らすことが必要です。具体的には、第5章で紹介した脱感作・拮抗条件づけと同様のプロセスによって、手の接近や拘束に馴らしていきます。

本章では、以降、子犬の遊び咬みの対応について紹介していきますので、子犬の防衛咬みについては、次章をご参照ください。

遊び咬みへの対応

咬み付きに悩んでいる飼い主さんは、子犬の咬みつきをやめさせたいと考えていると思いますが、残念ながら子犬に咬むことをやめさせることはできません。

子犬はそもそも咬む生き物です。子犬の時期に何かを咬む行動は生きていくうえで必要な発達のひとつです。さらに飼い主の関心を引いたり、遊びたくて咬んでいるわけですから、これを否定することは、極端にいえば「犬に遊びは必要なく、ぬいぐるみのようにサークルのなかで座っていれば良い」という飼い主のエゴを押し付けることになってしまいます。犬は生き物ですから、遊びたいし、群れのメンバーの関心を引きたい。その欲求を否定することは、犬を飼うこととは相容れません。

大切なことは、咬むことをやめさせるのではなく、犬の咬む理由を理解することです。そして、遊び欲求からの咬みつきに対しては、まずは欲求を満たすことが必要です。この時、解消すべき欲求は、遊び欲求だけではありません。探索の欲求や社会行動の欲求など、あらゆる欲求の解消を含みます。

欲求を満たしたうえで、咬んでもいいものを咬ませること、咬んではいけないものは咬ませないように予防すること、そして最後に、それでも咬んでくる時には犬が咬んだ後に飼い主が適切なリアクションをすることが必要となります。以下、具体的な対策について解説していきます。

犬の欲求をどう満たすか

留守番が長く、サークルに入っている時間が長ければ長いほど欲求不満になります。「日中は留守がちで、サークルから出すのは、1日30分程度」という話もよく聞きます。しかし、犬にとって1日30分の発散で十分なわけがなく、犬としてはサークルから出られたその時に、できるだけ発散すべく興奮して遊ぼうとします。けれど「咬んだらすぐサークルに戻します。サークルから出るとすぐに咬むから、1回5分位しか出せない」といわれる飼い主さんも少なくありません。これでは、さらに発散できる時間が少なくなり、悪循環に陥ります。

さて、子犬の健全な成長のためには、何らかの方法で欲求不満を解消しなければなりません。欲求不満の解消方法はいくらでもあるわけですが、そのレパートリーをどれだけ知っているかによって、犬を満足させられるかが決まります。

欲求不満を解消する代表的な方法は以下のとおりです。

①外に出る

子犬の場合、外出せず一日中室内で過ごしていることも少なくないでしょう。これが欲求不満につながります。

外出して外の空気を吸う。車や自転車を見る。知らない人に会う。知らない犬を見る。知らない音を聞く。これだけでも子犬にとっては強い刺激となり、脳が活発に活動し、疲れます。特に、子犬が家に来た当初は多くが社会化期ですから、社会化を促すためにも、積極的に外の世界を見せる、聞かせることは重要です。

家に来て2~3日くらいだと、外に出すと刺激が強すぎて体調を崩す可能性はありますが、家に来て1週間ほど経って体調が安定しているようなら、短い時間から外出にチャレンジしてみてください。

ワクチンプログラムが終了していない犬の場合でも、抱っこして地面に下ろさずに連れ出すことで、安全に外の世界を満喫することができます。ワクチンプログラムが終了したら、歩かせて散歩に出かけましょう。歩かない場合は、抱っこで近くの公園まで行きましょう。そして公園で降ろして、様子を見てみましょう。

「外に出しても歩かないから散歩に行っていません」と聞くこともありますが、散歩に行かなかったらいつまで経っても外で歩くことはできません。とにかく外に出る。多少怖がっていても外に出る。これを繰り返すことで徐々に歩けるようになります。そして、欲求不満を解消することができます。

②フードボウルからフードを与えない

「うちの子のご飯、30秒で終わります」なんて話はよく聞きます。子犬でも30秒とはいいませんが、2分以内に食べ終わる犬は少なくないでしょう。この早食いが欲求不満の原因になります。

犬とオオカミの共通の祖先の時代には、群れで狩りをすることが、食料を得るための営みでした。人と暮らすようになった後も、野生動物を自分で捕まえたり、人と一緒に捕まえて分け前をもらったりしていました。人が犬をさまざまな目的で使役するにあたって、狩猟行動の特定の能力を強化したことで、多種多様な犬種が生まれてきました。ビーグルなら匂いを嗅ぐ能力、ラブラドール・レトリーバーなら獲物を回収する能力、ダックスフントなら小さな獲物に咬み付く能力が強化されています。彼らはこれらの能力を活かして人の役に立つことで食料を得てきました。

もともとそうした能力をいかんなく発揮し、犬単独で、あるいは人間と共に獲物を得ていた犬たちですが、現代の犬の生活ではそうした仕事はなくなり、暇を持て余しています。2分で食事が終わってしまうことは、食事を得るための能力を全く使わないことを意味します。その結果、自らの能力を活かす機会がなくなり、欲求不満に陥っています。

そこで実践したいのが、フードをフードボウルから与えず、手から1粒ずつ与えるという方法です。そうすることで、一気にフードを食べきってしまうのではなく、時間をかけて食べさせることができます。フードを与える際に、オスワリ・フセなど簡単な指示を出すことで、飼い主とのコミュニケーションを図ることもできます。あるいは、フードを床に投げて与えることで、目で追う行動、追いかける行動を引き出すこともできます。フードを隠して宝探しゲームをするのも良いでしょう。知的玩具を用いるのも有効です。

いずれの方法であっても、食事を得るために苦労させることが何より大切です。一瞬で終わる食事ではなく、ゆっくりと時間をかけて、苦労させて食べさせることで、欲求不満に陥ることを防ぐことができます。

③知的玩具を使う

知的玩具を使うことも大切です。知的玩具とは、転がしたり、かじったり、パズルをクリアしたりすることによって、フードが出てくるおもちゃのことです。

「おもちゃならもう使っています。全然遊ばないからウチの子には意味ないです」という話も聞きますが、そうした場合、知的玩具ではなく、ぬいぐるみやロープなどを犬に与えていることが多いようです。

犬がおもちゃで遊ぶのは、遊んだ時に何か変化が起こるからです。一般的なおもちゃをひとりで遊ばせた時、咬んでも、おもちゃ自体に何の変化もなければ、すぐに飽きてしまいます。逆に、ぬいぐるみを破壊してなかから綿が出てきたり、トイレシーツを破ってビリビリにしたりする場合は、遊んだ時に変化があるため、その後も繰り返す傾向があります。

これに対して、知的玩具では、転がしたり、かじったりすることで、フードが出てくるため、出し切るまで飽きずに遊ぶことができます。1回あたり、5分~15分程度ですが、それでも欲求不満な子犬のストレス解消にはもってこいです。コング、ガジー、ビジーバディ、ニーナ・オットソンなどのブランドが、多種多様な知的玩具を発売しています。

④ロープやボールで遊ぶ

ロープ遊びやボール遊びも、犬の狩りの本能を目覚めさせ、欲求不満を解消する重要な遊びです。

ロープ遊びでは、獲物を追いかける、捕まえる、振り回す（仕留める）、咬む（肉を食べる）という、一連の狩りの行動を再現することができます。ボール遊びでは、獲物を追いかける、獲物を回収するという行動を再現しています。犬に本来備わった行動を引き出すことは、犬の精神的健康に良い作用を及ぼし、欲求不満を解消します。

「ロープ遊びをすると、飼い主を咬むようになると聞いたので、ロープはダメだと思っていた」という飼い主にしばしば出会います。ロープ遊びでは犬が唸ることがよくあるので、それを指して、ロープ遊びは咬み付きを助長するという噂が流れたのではないかと推測していますが、ロープを守って放さないという状態にならず、うなっているくらいなら遊びですから問題ありません。

サークルのなかにロープやボールを入れたままにしているということを見聞きしますが、動かないロープやボールには魅力はありません。飼い主が動かしてこそのロープ遊び・ボール遊びであることを忘れないようにしましょう。

⑤パピークラスに行く

パピークラスに行くことも、欲求不満の解消にはとても有効です。パピークラスに行った後の子犬は、疲れ切って本当によく寝ます。疲れさせるにはもってこいですし、何より、子犬にも飼い主にもいい経験になるのがパピークラスです。

パピークラスでは、おもに、知らない人にオヤツをもらう練習や、犬同士で落ち着いて交流するための練習、知らない音や物に馴れる練習などを行います。パピークラスの開催場所も犬にとっては知らない場所ですから、知らない場所に馴れる練習にもなります。

とにかく、知らない人や、知らない犬や、知らない刺激に囲まれて、1時間程度過ごすというのは、子犬にとっては衝撃的な体験となるでしょう。帰りの車では大体寝ていますし、「パピークラスの日は、家のなかでもおとなしいです」という声をいただくことは定番となっています。社会化を促進し、飼い主が必要な知識を身につけるためにも必ず参加しましょう。

⑥トレーニングをする

最後に、飼い主が子犬とトレーニングをすることも忘れてはいけません。トレーニングは、飼い主と犬の間に共通言語を作るプロセスであり、その共通言語を使って会話を楽しむことです。犬は飼い主の家に来た時点では、全く言葉の通じない外国に来たようなものです。飼い主が何を考えているのかわからず、自分が何を求められているかもわからない、不安な状態です。トレーニングは日々の生活のなかで、犬と飼い主の意思疎通の質を高めるツールを提供します。

トレーニングは、オスワリ・フセ・マテ・オイデ等の特定の行動を教えることだけが目的ではありません。共通言語を作ることが第1段階の目標ですが、最終的な目的は、共通言語を使って犬との会話を楽しむことであり、犬との会話を通じて、犬と飼い主が信頼関係を育むことです。

トレーニングしていない犬と飼い主は、同居はしているけど会話の少ない夫婦のようなものです。必要な時だけ、「おい、飯だ」「おい、茶だ」「おい、風呂だ」と伝えているような感じです。トレーニングは、飼い主と犬の会話であり、「今日○○があってね、楽しかった」「そうなんだ、それは良かった。私は……」といったような、他愛のないコミュニケーションを楽しむものです。必要のない会話を楽しめてこそ、家族として生きる意味があります。

犬は社会的な動物であり、群れに所属することで、安心感を得られます。それは人間も同じです。家族という群れのなかで、会話のない夫婦は信頼関係が崩れていき、双方に不安や不満を生みます。犬と飼い主も会話がなければ、犬は社会的な所属感を得ることができず、不安や不満を生み、欲求不満となります。

子犬の場合、まずは共通言語を作る部分のトレーニングからですから、成果が見えやすく、取り組みやすい段階です。まずは、共通言語を作り、そのうえで、会話を楽しむためのトレーニングを実践していきましょう。

咬ませる場面を作らない

犬の欲求を十分に発散させることができたら、次に取り組むべきは、わざわざ手を咬ませるような場面を作らないことです。子犬は正常な発達において必要な行動として、口を使って遊んでいるだけですから、一切、何も咬んではいけないというのは犬にとっては酷です。必ず咬んでいい物を用意し、それを咬むのが楽しくなるように仕向けなければなりません。

手などの咬んではいけない物を咬ませないために実施すべき方法は次のとおりです。

①手をおもちゃにしない

手をおもちゃにして遊んでいれば、いつまでたっても手に咬みついてきます。手をおもちゃにすると、手は咬んでもいいもの、咬むと楽しいものと学習していきます。

飼い主が手をおもちゃにして、あえて手を咬ませる場面を作っておいて、初めは咬みつきの力が弱いからそのまま遊んでいるものの、興奮して力が強くなってきたら「ダメ！」と叱るのは、フェアではありません。そのうえ、それを繰り返せば、犬は飼い主の手が近づいてきた時に遊べるのか、怒られるのかわからなくなり、葛藤を生じて余計に興奮しやすくなります。

手をおもちゃにするくらいなら、ロープやぬいぐるみで引っ張り合いっこをするようにしましょう。

②咬んでも良い物を用意する

咬んではいけない物を咬ませないためには、必ず咬んでも良い物を用意して、咬む欲求を発散させるようにしましょう。

まずは総合的な咬む欲求を発散させるために、ゴム製の知的玩具（コング・ガジーなど）を使うことが必要です。さらに、手に咬み付いてくることが多い犬の場合、咬み付いても良いロープやぬいぐるみを用意して手に持って遊ぶようにしましょう。手よりも前にロープやぬいぐるみがあることで、手ではなくそちらに咬み付くようになります。

③サークルから出しっぱなしにしない

飼い主が無視している時に、靴下やスリッパや手に咬んでくるような状況では、そもそも、犬をサークルから出しっぱなしにしていることが問題です。出しっぱなしにしているからこそ、暇を持て余した犬は、飼い主の関心を引こうと咬み付きます。子犬の時期では特に、飼い主が犬の相手をしっかりしてあげられる時にサークルから出すようにしましょう。

「サークルに入れっぱなしはかわいそう」という意見もありますが、サークルから出しても相手をしないのであれば同じようなものです。犬がサークルから出た時に、「何かやること」があってはじめて、かわいそうじゃなくなると思います。

サークルから出すときは、何かやることを提供しましょう。知的玩具を与えるでも、トレーニングをするでも、引っ張りっこをするでもなんでもいいと思います。目的を持って犬をサークルから出すことが大切です。目的がなければ暇を持て余して飼い主に咬みついてきます。そして、遊んであげられない時間、相手をしてあげられない時間については、サークルのなかで過ごさせるようにします。

そうすれば、「飼い主から無視されている時にかまってほしくて咬む」のパターンに嵌まることはないはずです。

④ハウスリードを使う

とはいえ、いつまでも飼い主が見ていられない時はサークルのなかというわけにもいかないですよね。成長するにつれて、生活マナーを教えていけば、サークルから出入り自由の状態でも、犬自身で判断して人の手や足を咬むなどの、飼い主が望まない行動をしないように覚えることは十分に可能です。

そのためには、長時間サークルから出ている「練習」をする必要があります。いきなり

「本番」でずっと出しっぱなしにすると、失敗を助長します。必ず練習の段階を踏んで、徐々にマナーを覚えていく必要があります。

そこで必要になるのがハウスリードです。ハウスリードとはその名の通り、家のなかで使うリードのことです。その目的は、犬の行動範囲を制限し、飼い主の望まない行動を取らないように予防することです。

家の中でリードを付けるという概念がない飼い主も多いですが、生活マナーを教えるうえで、ハウスリードは良いアイテムです。ハウスリードを付けておけば、飼い主の手や足、その他の物に咬み付く状況を未然に防ぐことができます。たとえば手に飛びついて咬み付いて来る犬の場合、ハウスリードを足で踏んでおけば、飛びつくことができなくなるでしょう。家具をかじる行動や、物を取ろうとする行動もリードで行動範囲を制限すれば防ぐことができます。

ハウスリードがなければ、サークルから出たら好き放題になってしまい、飼い主の望まない行動を誘発します。走り回って興奮し、咬みつきのリスクを高めます。ハウスリードは直接的に咬む行動を防ぐことができるだけでなく、行動範囲を制限しつつ徐々にサークルの外で適切に行動できるようになることを助けることができます。

⑤常にフードを用意

これは、「フードボウルからフードを与える」と同じ内容ですが、欲求の発散だけでなく、不適切な咬み付きの予防にもつながります。

フードに集中していたら、犬は咬むことを忘れます。ダイニングテーブル上に、1日分のフードを入れたタッパーを置いて、少しずつ与えていれば、それだけで咬む回数は激減するでしょう。

⑥興奮したらクールダウン

ここまでの対策をすべて実施すれば、咬まれる回数は減少します。ただ、それでもゼロになるわけではなく、しばしば咬まれるはずです。そして、それは興奮した時が中心になると思います。

興奮した時の対処法としては、オスワリやマテなどの指示を出して落ち着かせるという方法もありますが、子犬でトレーニングが十分に入っていないと難しいかもしれません。興奮してきたら咬まれる前に、ハウスで休ませるという方法が良いでしょう。

⑦屋外なら咬まれない

興奮性の高い犬では、ハウスから出したらすぐに興奮して走り回り、咬みついてくるということも少なくありません。そういう犬は、散歩での発散をメインにするのが良いでしょう。散歩であれば、室内と違って興味を引くものが多く、咬まれる可能性はかなり低くなります。長く散歩に行って十分疲れさせましょう。

咬まれた後のリアクション

欲求不満を解消し、咬み付きを予防してもなお、咬み付いてくることはあります。十分な予防をすることが前提ですが、咬まれたときに人の手は咬んではいけないことを教えることも大切です。それを教えるためには、咬まれた時に飼い主がどのようなリアクションをするかが重要になってきます。

咬まれた後のリアクションについては、第一に咬む行動を強化しないということが大切です。そのためには、繰り返し咬ませないことです。よくあるのが、飼い主が意図的に、あるいは無意識に、手で遊ばせてしまうパターンです。子犬が咬み付いてきた時に、飼い主が「ダメ！」「いけない！」といって止めたつもりになっていても、手を子犬の前に出すことをやめず、結局咬まれ続けているような状態です。咬んではいけないことを伝えるためには、中途半端な対応を取るのではなく、咬まれたら痛いということを本気で伝えなければなりません。飼い主のリアクションが犬にとって報酬になっているのか、罰になっているのか考える必要があります。

子犬が咬んだ時に、「ダメ！」といっても、ひるむことなくすぐに咬んできているようなら、その「ダメ！」は全く伝わっていないと思っていいでしょう。「ダメ！」の後に後ずさりしたり、飼い主からちょっと離れたりするようなら、伝わっている可能性が高いです。飼い主のリアクションに対して、犬が遊んでもらえたと思っていたら報酬になり、咬む行動は増加します。

ロープやぬいぐるみは咬まないのに、人の手に咬み付いてくる犬の場合、ロープやぬいぐるみに咬み付いた時は、飼い主が痛がらないので、リアクションが小さくて面白くない、手に咬み付いた時は、飼い主が痛がるので生き生きとしたリアクションが返ってくるから面白いと思っているかもしれません。飼い主の痛がり方が、犬を興奮させるものなのか、驚かせるものなのかによって、咬む行動が増えも減りもします。前者なら強化として

働き、後者なら弱化されるでしょう。つまり、子犬に手を咬まれた時に、手がちぎれたくらいのオーバーなリアクションができるかどうかが、子犬の咬みつきをやめさせるためのキーポイントなります。

オススメのリアクション方法は、ジェスチャーで表現する方法です。具体的には、咬まれた時にオーバーリアクションで「痛い！」と声を出して手を引き、犬に背を向けて、立ち上がってください。多少跳び上がるくらいがよいでしょう。指がちぎれたように全身の屈筋（関節を曲げる筋肉）を使って、ビクッとします。その後、立ったまま犬に背を向けて、咬まれたところを30秒くらい舐めてくださ さい。もちろんこの時は犬を無視してください。できるだけ悲痛な雰囲気を出すことが大切です。可能な限り、痛そうにしてくださいね。痛いことがあった時に、屈筋を収縮させるのは、多くの高等動物に共通した反射です。本当に痛い時と同じ動きをしなければ、犬には伝わりません。

言葉で「痛い！」と表現するのではなく、ジェスチャーで痛みを表現しなければならないのです。舞台に立ったつもりで、自分が名俳優・名女優のように演じましょう。このリアクション自体が、犬にとってはびっくりさせられる罰になりますし、ジェスチャーで飼い主が痛みを感じていることを伝えることもできます。

立ち上がって犬に背を向けるというリアクションも重要です。このリアクションによって、犬に「咬んだら遊んでもらえなくなった」ということを伝えることができます。咬んだら遊んでもらえなくなったという状況は、「咬むことによって良いことがなくなった＝負の弱化」となり、咬む行動を減少させていきます。

いずれにしても、飼い主がそうしたリアクションを取った際に、犬がどのような反応を示すかしっかり確認しましょう。余計に興奮し、咬みついてくるようなら、その対応は意味がありません。実際にリアクションをとってみて、効果がいまひとつな場合は、是非パピークラスに行って相談してみてください。

本章のまとめ

しつけ教室をやっていてよく聞くことは、「しつけ本に書いてある通りにやったのにうまくいかない」ということです。もちろん、それは本書も同じです。

なぜそうなるかと言えば、実際の咬みつきは、それぞれの犬と飼い主の関係の中で起こっており、犬が咬んでいる本当の理由を理解せずに、表面的に対処をしても、適切な対応にはならないからです。子犬の咬みつきならば、何らかの対処をする前に、「遊び」なのか「防衛」なのかを考え、飼い主の対応が咬み付きを助長していないか点検する必要があります。原因がわかるから、適切な対応ができることを忘れてはいけません。

第7章

「本気」咬みの治療法

「何をやっても無理だ」と諦める前に

前章では、遊び咬みへの対応について述べてきましたが、最終章となる本章では、本気咬み、つまり、防衛的な攻撃行動に対する対応法を考えていきます。ここまで紹介してきた、行動発達、脳機能、ストレス、学習など、攻撃行動が発生するメカニズムの知識を元に、実際の攻撃行動に対して、どのように対応していったら良いかについて考えていきます。

本章の内容は、私が行動診療で行っているプロセスをベースにしています。診療の際は当然一個一個のプロセスを細かく見ていくことになります。本章では、その概要をお伝えすることで、深刻な攻撃行動に悩む飼い主さんに、どのような対応が可能であるか紹介したいと思います。

深刻な攻撃行動を持つ犬の飼い主さんは「この子は何をやっても無理だ」と考えているかもしれません。しかし、おそらく、まだすべての可能性を検討しきれていないのではないでしょうか。ここで対応法を紹介することで、少しでも希望をもつことができ、愛犬のことを理解できる飼い主さんが増えることを祈っています。

それってホントにしつけの問題？

咬む行動に対しての対処を考える際に、第一に行わなければならないことは、身体疾患の除外です。

特に破滅的な咬み付き、飼い主が大怪我を負うような咬み付きについては、身体疾患の関与は大いに考えられます。子犬の場合でも咬み付きが強い、唸りが強い、犬歯が刺さるほど咬む、どんどん咬む頻度が多くなっている、咬む強さが強くなっているなどの場合は、先天性疾患も含めて疑う必要はあるでしょう。

今まで普通に生活していて、攻撃する素振りを見せたこともないのに、6歳になって急に咬むようになったとか、咬む以外の行動の変化（散歩を嫌がるようになった、ケージから出てこない、歩き方が変わった、痒そうにしているなど）がある場合、特に身体疾患の関与に注意が必要です。

機嫌のいい日と機嫌の悪い日の波が大きい場合も注意が必要です。なぜなら、それが表には現れない体調の変化を表していることもあるからです。以前、週末のみ発症する胃腸の不調が攻撃行動につながる症例がありました。その犬は、土日に集中して攻撃行動が発生していましたが、攻撃行動が発生した前後で嘔吐や下痢といった症状が出ていました。

飼い主さんはひとり暮らしで、土日のみパートナーの男性が家に来ることがあり、そうした生活リズムの変化からストレスを感じ体調が悪くなっていたのです。そして体調が悪い時に心配した飼い主さんが犬を撫でようとすると咬まれるという状態となっていました。土日のストレスを緩和するためにお薬を処方し、飼い主さんとの関係構築のためのトレーニングを実施したところ、攻撃行動は起こらなくなりました。

身体疾患の関与は必ずあるわけではないのですが、もし、身体疾患があるのにしつけの問題としてアプローチしてしまうと、犬に負担をかけますし、成果も上がりません。除外しておけば安心して改善に臨むことができます。

身体疾患の除外には、獣医師の関与が必要です。できれば行動に詳しい獣医師に診てもらうのが良いでしょう。獣医行動診療科認定医をはじめとして、日本獣医動物行動研究会に所属し、活動している先生方がいらっしゃいます。同研究会HPに「行動診療を実施している研究会会員獣医師リスト（http://vbm.jp/syokai/）」が載っていますので、是非参考にしてください。
以下、身体疾患の関与がないことを前提に、話を進めていきます。

咬みつきの客観的事実

攻撃行動を改善していくためには、犬がどのような理由から攻撃行動を発生させているのかという動機づけ、攻撃行動のきっかけ、攻撃行動が発生している時間や居合わせた人・動物、攻撃行動が犬にもたらす結果（強化子が存在するかどうか）などを明らかにしていく必要があります。そのために、攻撃行動の発生状況について、詳細に記述していくことが必要です。

「突然咬んでくる」「いつも咬む」という相談は少なくありませんが、本当に何のきっかけもなく攻撃行動が発生していることはほとんどありません。飼い主さんの話を伺ううえで大切にしているのは、攻撃行動がどのように発生したか、第三者である私が映像でイメージできるくらい具体的な状況を聴くことです。

いつ、どこで、誰に対して、誰と一緒にいて、何をした時に、どの部分を咬まれたか、攻撃行動が発生する前はどのような状態だったのか、攻撃行動に対して飼い主はどのようなリアクションをとったのか、犬はどのような様子だったのかを聴き取ります。複数回攻撃行動が発生している場合は、時系列で新しいものから順に思い出せる限り思い出してもらいます。また、はじめて血が出るほど咬んだ時のエピソードや、子犬の時期から防衛的な咬み付きがあったかなどもできる限り伺います。

こうした詳細を聴き取るにはかなりの時間を要しますので、診察の前に診察前調査票を書いてもらっています。

どのような文脈で攻撃行動が発生しているか詳細に記述すると、各攻撃行動がすべて脈絡なく発生しているのではなく、いくつかのパターンに分けられるようになります。

家族に対する攻撃行動のあった柴犬の例では、これまで飼い主が5回ほど血が出るぐらい咬まれているという状況がありました。その内容をしっかり聞くと、「ケージから出そうとして扉を開けた時、もしくはケージに犬が入っている時に扉を閉めようとした時に咬まれている（対象は家族全員）」「飼い主と犬が一緒にいる時に他の家族が近づいた時に咬まれている（対象は息子さんのみ）」という2つのパターンで攻撃行動が発生していることがわかりました。この症例では、その他に、「ケージの近くを通ると唸る（対象は家族全員）」という行動も見られました。

飼い主は攻撃行動の当事者であるため、なかなか冷静に攻撃行動の発生状況を把握できていないことがあります。問診した内容をまとめて、飼い主にフィードバックすることで、飼い主も攻撃行動を客観的に把握することができます。突然咬むと思っていたけど、実はそうではなかったということも少なくありません。第4章で紹介した、長時間撫で続けると攻撃行動をとるなどはその最たる例です。

客観的に見れば、長時間撫でられることがきっかけとなって咬んでいる可能性が高いと判断できるのですが、飼い主にとっては、犬は撫でられるのが好きという前提で犬と接していますので気づけないということは少なくありません。こうした思い込みを客観視し、思い込みに気づく手伝いをすることも、改善には重要な位置を占めます。

私は、診察時に飼い主から伺った内容は、レポートにまとめてご本人に渡すようにしています。第三者から見た客観的な事実を飼い主にフィードバックすることで、飼い主が問題行動を客観的に把握することを手助けすることを目的にしています。

飼い主自身が、攻撃行動の発生の原因を理解できていないと感じていることがほとんどです。誰しも、理解できないものには不安を抱きますが、どのような経緯や動機づけから攻撃行動が発生しているかわかれば、比較的落ち着いて対処することができるようになります。攻撃行動の詳細を記述し、客観的にその状況を把握することが、攻撃行動改善の第一歩です。

攻撃行動の分類

これまでに発生した攻撃行動の発生状況を詳細に検討すると、その発生状況はいくつかのパターンに分類されるはずです。

先の例では、「長時間撫でている時に咬まれる」「ケージから出す時に咬まれる」などですし、「空になったフードボウルを下げようと手をのばすと唸る・咬む」「リードをつけようとすると唸る・咬む」「リードを係留しようとすると吠えかかる・飛びつく」など、さまざまなパターンがあります。

1頭の犬の攻撃行動のなかでも、問題になるような状況が1パターンしかないことはむしろ少なく、問題になっている場面が3～5パターンくらい存在することが多いです。

攻撃行動を考える際に、ついついすべてひとつの原因にまとめて考えてしまいがちですが、それは間違いです。それぞれのパターンでそれぞれのきっかけが攻撃行動を発生させており、ひとつひとつ丁寧に、もつれた糸を解きほぐすように、発生原因を考えていく必要があります。

攻撃行動の動機づけの例としては以下のようなものが挙げられます。

飼い主に対する恐怖心／他の犬に対する恐怖心／フードを守る／触られることに対する嫌悪・回避／ブラッシングに対する嫌悪・回避／足拭きに対する嫌悪・回避／抱っこや拘束に対する嫌悪・回避／安心できる居場所（ケージ・ソファ・飼い主の膝の上など）を守る／家を守る／他人に対する恐怖／他人や他犬に攻撃できないことへの八つ当たりで飼い主に攻撃する……など、さまざまです。

犬同士の攻撃行動では、資源の優先権を巡った対立や、序列に関連した動機づけも存在します。1頭の犬でも、複数のパターンで攻撃行動が発生している時には、それぞれに動機づけが異なることも少なくありません。

攻撃行動の動機づけによる分類は、診断名にも利用されています。飼い主に対する攻撃行動では、「恐怖性攻撃行動」「自己主張性攻撃行動」「葛藤性攻撃行動」「所有性攻撃行動」「縄張り性攻撃行動」「食物関連性攻撃行動」などの診断名が用いられています。

診察の中では、詳細に記録した攻撃行動の発生状況や犬のボディランゲージから、攻撃行動の動機づけを推測し、追加情報を得ながら最終的に診断名をつけていきます。複数の診断名が同時につけられることもあります。

ただ、注意していただきたいのが、大まかな動機づけが推測でき、診断名がついたからといって、治療の方法が決まるというわけではありません。行動診療は飼い主の行動も含めた犬と人のコミュニケーションの問題を扱っていることから、対応の方法は無数にあり、治療には多様性があるわけです。なので、診断名は付けるのですが、治療法はオーダーメイドというのが実際のところです。

異常行動なのか正常行動なのか

動機づけによる分類とは別に、その行動が正常行動か異常行動かという分類を考えなければなりません。

第1章で示したように、問題行動には、①正常行動、②正常行動だが頻度や程度が異常なもの、③異常行動の3つに分けられます。

野生動物であれば身体を拘束されたら全力で逃げようとしますし、当然咬みます。これは①正常行動です。

ただし、人と共進化してきた犬では、身体を拘束された時に全力で咬むというのは、強い恐怖や怒りの情動が関与していることが考えられ、②正常行動だが頻度や程度が異常なもの、に分類することも検討すべきです。

一般的な犬の回避行動では、固まる、逃げる、唸る、歯を見せる、歯を当てるといった行動が優先され、犬歯が刺さるほど咬むという行動は、最終手段です。

犬同士、集団内で、頻繁に犬歯が刺さるほど咬んでいたら、集団の構成員の怪我が絶えず、社会的な行動に支障をきたします。犬は社会的な動物ですから、直接的な武力行使をしなくても解決できる対立では、極力直接的な攻撃は避けるのが正常の行動です。犬は人間と暮らすように共進化してきた過程で、社会的な行動を身につけてきました。飼い主に対して犬歯が刺さるほど咬むという状況は、何らかの要素が正常な行動の頻度・程度を逸脱している可能性が疑われます。

強い恐怖を与えるような体罰的なしつけが原因で、飼い主に対して唸る・咬むこともあります。はじめて受けた体罰に対して反撃している状態は①の正常行動です。一方、過去の体罰で受けた心的外傷が癒えず、飼い主が近づくだけで唸ったり攻撃的になったりする状況では、正常以上に強い恐怖を感じるようになっていると判断できますので②に含まれます。

食べ物やおもちゃを守る行動は、その程度によりますが、一般的に①正常行動の範囲といえます。たとえば、食べ物を守る行動であれば、ガムを食べている最中に取り上げようとすると、取られまいと抵抗する行動は①の範囲です。

一方、犬がフードを食べている最中に、飼い主が近寄るだけで唸る状態では、不必要に強い不安や恐怖が関連している可能性が考えられます。また、食べ終わって空になったフードボウルを10分も20分も守っているような状態は、フードボウルに対する執着の程度が異常といえるでしょう。

また、③異常行動に関連して攻撃行動が発生することもあります。犬の異常行動のなかで頻繁に見られるのが常同行動です。

常同行動とは、その動物の本来の行動を逸脱して、無目的に繰り返される行動のことを指します。動物園のシロクマが行ったり来たりする行動も常同行動です。犬では、四肢などの身体の一部を舐めたりかじったりし続けてしまう自傷行動や、特に柴犬によく見られる尻尾を追ってぐるぐる回る行動などがそれにあたります。常同行動が繰り返され、四六時中、常同行動をとり続けることで、その動物本来の正常な行動が妨げられてしまったり、身体の不調を伴ったりする状態を常同障害と呼びます。

この常同行動が発生している時に、その行動をやめさせようとして咬まれるということがあります。柴犬が尻尾を追って唸りながら回っている時に、あまりにもひどいから止めようと思って手を出して咬まれるとか、トイプードルが手を舐めている時にやめさせようと声をかけると唸られるとか、そういった状況でも攻撃行動は発生します。

この分類を行うことで、薬物療法の実施を検討する材料になります。①の攻撃行動では薬物療法は積極的には用いません。

②③に分類される攻撃行動に関しては、強い恐怖や不安、異常に高い衝動性、常同障害、てんかんなどの関与が考えられることから、薬物療法をきちんと検討していくべきであると考えられます。

薬物療法という選択肢

行動の治療に対する、薬物療法と聞くと、拒絶感を覚える人も少なくないはず。精神に働く薬は、人間では依存症が問題となることもあり、乱用すれば錯乱や幻覚を招くとあって使用には慎重な判断が必要です。

とはいえ、第3章で触れたように、脳機能の問題が関与して犬の攻撃行動が発生していることも少なくありません。行動治療に用いる薬は、恐怖や不安を抑える作用や、感情の高ぶりを抑える作用がありますから、適切に用いれば、犬も飼い主も負担が軽くなります。

恐怖や不安などにさらされ、慢性的なストレス状態に陥っている動物は効率的に学習することができません。そこで薬物療法で恐怖や不安、慢性的なストレス状態を緩和すれば、学習効率が高まります。その後、トレーニングや生活習慣の改善を行い、適切な反応を学習できれば、徐々に投薬の必要性が下がり、減薬・休薬することができるようになります。

行動治療に用いられる薬は、抗うつ作用のある「選択的セロトニン再取り込み阻害薬＝SSRI（フルオキセチン等）」、「セロトニン遮断再取り込み阻害薬＝SARI（トラゾドン）」、「三環系抗うつ薬＝TCA（クロミプラミン等）」、抗不安作用のある「ベンゾジアゼピン系薬＝BZD（ジアゼパム等）」、抗てんかん作用のある「バルビツール酸系薬（フェノバルビタール）」等が挙げられます。

最も頻用される薬は、SSRIです。ぎふ動物行動クリニックの診察でも薬物療法を適用する症例の7割以上はSSRIを使用しています。

SSRIは脳内のセロトニンの代謝を調節する薬です。セロトニンは脳のブレーキとも呼ばれる神経伝達物質です。セロトニンを放出するセロトニン神経は、中脳から脳幹にあたる部分にある、縫線核と呼ばれる部位に集中して存在し、そこから脳全体に電線である軸索を伸ばしています。恐怖反応の形成に重要な役割をもつ扁桃体や、闘うか逃げるか反応の発現に重要な役割をもつノルアドレナリン神経が集まる青斑核にも電線を伸ばしています。セロトニン神経の働きを活性化することで、恐怖・攻撃・衝動性を抑えることが期待されます。

攻撃行動に対して、抗てんかん薬が奏功する場合もあります。

てんかんも他の身体疾患と同様に除外診断すべきですが、原因のわかる症候性てんかんは除外できても、原因不明な特発性てんかんは除外診断が難しいのが現状です。特発性てんかんの診断には脳波測定が用いられますが、脳波を測れる動物病院が少なく、まだまだ一般的な検査とはいえません。

そこで、攻撃行動のなかでも臨床症状からてんかんの関与が疑われるものについては、診断的治療として、抗てんかん薬を用いています。抗てんかん薬は、脳の興奮のレベルを全体的に下げる働きがあります。それによって、脳の電気的ショートを抑え、てんかんを抑えます。抗てんかん薬を用いることで、攻撃行動が劇的に減少することも少なくありません。

薬物療法を実施する際には、しっかりと身体疾患の除外をして、かつ、副作用に注意しながら行う必要があります。また、定期的に血液検査を行うなどモニタリングも必要です。なかには耐性を生じる薬物もあり、漫然とした使用は適切ではありません。

そのうえ、薬物療法だけでは根本的な解決はできません。薬物療法で学習しやすい状況を整えて学習を促し、最終的には薬なしの生活を目指せればベストです。

一方で、トレーニングだけではなかなかうまくいかなかった症例が、薬物療法を併用することで改善しやすくなることは少なくありません。薬物療法は適切に使えば、犬にも飼い主にも負担が軽くなります。今まさに攻撃行動に悩んでいる方には、薬物療法の併用も検討の価値があるということは覚えておいていただきたいです。

犬の安心と人の安全確保を最優先に

それでは、具体的に飼い主ができる攻撃行動への対処を考えていきましょう。ただし、いきなり攻撃行動を治すという発想は好ましくありません。ここまで何度も述べてきたように、攻撃行動は何らかの理由があって発生しています。

犬が攻撃しているということは、それだけ犬にとっても嫌な出来事が発生しているのです。犬はもともと平和を重んじる生き物です。攻撃する必要がなければ攻撃しません。攻撃する必要があると感じる状況になっているから攻撃しているのです。

攻撃行動は、飼い主が痛い思いをするだけでなく、犬も辛いのです。攻撃が発生する状況をつくらないことこそが、犬の安心と飼い主の安全をつくります。

第一に考えるべきは、攻撃行動を治すことではなく、攻撃行動を発生させなくてもいい状況を作ることです。フードボウルを守る犬の場合、必ずしもフードボウルでフードを与える必要はないはずです。危険が伴わないなら手からフードを与えるだけで、フードボウルを守る機会がなくなります。靴下を守る犬も、靴下が落ちていなければ守りません。

抱っこできない犬や、リードを付け替えられない犬では、とりあえずは無理に抱っこする、リードを付け替えるということを避けるべきでしょう。避けることで、当座の負担は軽くなります。リードはつけっぱなしにすることで、付け外しの必要はなくなります。

ただし、抱っこやリードの付け替えは、犬と飼い主が暮らしていくためには必須の項目です。首付近を触れなかったり、抱っこできなかったりすれば動物病院に連れて行くことはできません。そのため、ずっと避け続けることはできないのですが、第一にはまず避けて、犬と飼い主双方のストレスレベルを下げるべきです。徐々にできるようにしていく段階では、専門家のサポートを借りながら順を追って、馴らしていくということでかまわないでしょう。

「オヤツを使えばできます」という場合では、オヤツを積極的に使ってください。肥満には注意しなければなりませんが、多少ならフードを減らせば対応できます。

たとえば、リードの付け替えや足拭きなどの場面では、「あんまりたくさん与えるのはよくない」と制限して、4本の足拭きで1個しか与えないのはNGです。複数個・複数回与えるほうが良いでしょう。オヤツを使わずに、普段食べているフードで喜ぶなら、それが一番効率的です。普段使っているフードなら、1日の給与量すべてを使えます。フードをあまり食べないという犬は、嗜好性の高いオヤツを用いる必要がありますが、フードを変えるのも一考です。よく食べるフードは、トレーニングでの使い勝手も良いです。

「オヤツを見せないということを聞かなくなるのでは」という疑問もあると思います。もちろん、毎回オヤツを見せて指示を出していればそうなりますし、唸ったらオヤツを出す、牙を見せたらオヤツを出すということを繰り返せば、唸りや牙を見せる行動を強化してしまいます。

しかし、目の前にオヤツを見せながら何かをするという段階から、徐々に、マテをかけた状態でリードを外す・首輪を触るなどの作業を行い、それができたらオヤツを後から出すという段階にシフトしていくことができれば、オヤツがなくても対応できるようになっていきます。

飼い主の安全確保、そして犬自身が不安や恐怖を感じずに過ごすことができるようになることが第一です。オヤツを使えば、双方安心して対応できるということであれば、しっかり使っていきましょう。

来客に対して攻撃的になる犬の場合、来客がある時は、客の目や手の届かない別の部屋に移動させることは必須です。

玄関で飼っている場合、宅配便の人に咬み付く確率が高くなります。他人を咬んでしまうことは、家族を咬むこと以上に気をつけなければならないことであり、場合によっては過失傷害罪に問われることも考えられます。散歩中に他の犬や人に攻撃的になる場合も同様です。突然襲い掛からないように、首輪・リードをしっかり点検することは飼い主の責任です。リードを短くもって、撫でたそうな人が近づいてきても、「うちの子は咬みます」と毅然とした態度で断る必要があります。それが他人を守るだけでなく、愛犬と自分を守ることにつながります。

動物福祉の確保

動物福祉の状態が悪ければ、攻撃行動のリスクが増加します。特に問題となるのが、動物福祉の5つの自由のなかでも、「生まれもった行動を表現する自由」と、「恐怖や苦悩からの自由」です。

家庭で暮らす犬は、外の匂いを嗅ぎ回ったり、穴を掘ったり、小鳥を捕まえたりすることはありません。そもそも、飼い犬の多くは生まれもった行動を表現する自由はかなり制限されています。家庭内の犬は基本的に暇です。暇を持て余すことで欲求不満がつのり、攻撃行動に発展することもあります。長時間ケージに入れっぱなしにすることで、ケージから出た時の衝動性を高めます。散歩に行っていない犬は、精神的な刺激を受ける機会が少なくなります。このような問題への対応は、第6章の「犬の欲求をどう満たすか」の項をもう一度確認してみてください。

もうひとつ、攻撃行動に強く影響するのが、恐怖や不安です。深刻な攻撃行動のある犬に対して、飼い主が、強い恐怖を与えるような体罰的なしつけを行うことは、問題を悪化させるだけです。行動を修正するために罰を用いるには、罰に対する正確な知識と、技術が必要とされます。一般の飼い主が、不十分な知識で用いていい方法ではありません。犬に恐怖を抱かせるような体罰を用いれば、恐怖を避けようとして先制攻撃をするようになったり、体罰に対して反撃してより強い攻撃行動を示すようになったりします。攻撃行動への対応として、強い恐怖を与えるような体罰は厳禁です。

すでに飼い主に対して恐怖感や嫌悪感をもっている犬の場合、普段の居場所となる生活環境を整えることで、それらを緩和できることがあります。ケージの隣を通ると毎回唸る犬の場合、家族全員、あるいは特定の家族に恐怖心・嫌悪感をもっていることがその原因になることがあります。

ケージが家のなかでも、人通りの多い場所に設置されていると、それだけで落ち着いて休むことができず、感情が昂ぶる機会が多くなり、唸る機会も多くなります。この場合、恐怖や苦悩からの自由よりも、不快な環境からの自由が侵害された状態といえます。騒がしい環境で、休息が十分に得られない状態では、人間でも攻撃的になることは想像に難くないでしょう。さらに唸れば唸るほどその行動は定着してしまいます。

犬が安心できる環境を提供するためには、ケージの位置を変えることも大切です。人通りの少ない場所に移動する、もしくは、ダンボールなどで人の動線を犬の視界から遮るなどの方法があります。

行動修正法とは

問題行動のある犬に、新たに何らかの反応を学習させて、問題となっている行動を少なくし、問題でない行動を増やしていく方法を、「行動修正法」といいます。

行動修正法は、第5章で紹介した、脱感作、拮抗条件づけが代表的なものとして挙げられますが、それだけでなく、攻撃行動を発生させる刺激を取り除く刺激制御（先に挙げたケージの位置を変えることもここに含みます）、攻撃行動とは違う行動を強化していく代替行動分化強化法、攻撃行動と両立しない行動を強化していく非両立行動分化強化法などさまざまな手法があります。

実際に問題行動に対して行動修正を行う場合は、問題行動が起こっている状況や、その犬の状態、実施した時の犬の反応、実施者である飼い主が現実的に実施できるかどうか、飼い主が犬に抱く恐怖感やモチベーションなど、さまざまな要素を加味して、最適なプログラムを作成しなければなりません。

行動修正のなかで取り組みやすく、よく使う項目に、ハウスのトレーニングがあります。ハウスのトレーニングは、無理に進めようとしなければ、誰でも割と簡単に実施でき、犬と対立的になりにくく、犬も人も脅威を感じにくいので、危険の少ない練習です。「ソファで寝ている犬をどかそうとすると咬む」場合、「ハウス」の指示で、自発的にハウスに入るようになれば、ソファから移動させることが容易になります。繰り返し練習することが必要ですが、完成すればとても役に立ちます。

犬と飼い主の反応を見ながら、どのような方法で目的となる反応を形成し、うまく共生していけるようにするかという部分は、獣医師ではなくトレーナーのほうが経験豊富でしょう。

ぎふ動物行動クリニックでも専属トレーナーに指導をお願いしている部分です。行動は日々の積み重ねで作られます。二人三脚で支えてくれるトレーナーさんと一緒に、行動修正を行っていくことが大切です。

飼い主と犬の関係を再構築する

犬の攻撃行動では、多くの場合、飼い主が犬に対して恐怖心を抱いています。いつ咬まれるかもしれない状態で暮らしていたら、飼い主が犬に対して恐怖心を抱くのは当然です。同時に、犬が飼い主や家族に対して恐怖心・警戒心・不信感を抱いていることも少なくありません。「ウチの犬は突然咬んでくる」と思っている飼い主が少なくないように、「ウチの飼い主は突然嫌なことをしてくる」と思っている犬も少なくないわけです。

第5章で指摘したように、回避行動のスパイラルがその背景にあります。遺伝や幼い頃の育成方法によって不安や衝動性が高くなったり、恐怖を与えるような体罰的なしつけを受けたり、何らかのきっかけで攻撃するようになった犬は、攻撃によって嫌なことが避けられると学習することで、攻撃行動を強化していきます。

そして、飼い主は犬に攻撃されることに対して恐怖心を抱き、犬が嫌がりそうなことは何でも避けていきます。

これらの行動が互いに強化されて定着していくと、その先には、不安や緊張が支配する関係が築かれます。

飼い主と犬の関係再構築とは、この関係を互いに安心できる関係に整えていく行動修正法の一種です。互いにリラックスできる関係を作ることから、「リラクゼーショントレーニング」と表現されることもあります。

リラクゼーショントレーニングは、簡単に言えば、飼い主がリードして行う、オヤツなどの報酬を用いた楽しいトレーニングのことを指します。

飼い主が、オイデ、オスワリ、フセ、マテなどの指示を出し、それに犬が応えて行動したら、褒め言葉とオヤツを与えます。

重要なのが、犬にやらない選択肢を与えることです。無理にやらせず、犬がやる気になった時だけ一緒にやります。飼い主から強制してしまうと、無理強いされたことからトレーニングが嫌になり、飼い主との関係を再構築できません。飼い主からの褒め言葉やオヤツが犬にとって報酬になっていれば、徐々に飼い主に対する注目度が増していきます。繰り返していくことで、オイデ、オスワリ、フセ、マテなどの基本動作を的確にこなせるようになります。

このリラクゼーショントレーニングは、他の行動修正法の基礎となります。互いにリラックスできず、飼い主が犬に指示を出せない状態では、他の行動修正法を実施することはできません。

互いにリラックスしてコミュニケーションを取れる時間が増えていくと、生活のなかの関係性も変化が生じてきます。飼い主のことを「この人は、嫌なことをしてくるかもしれない」と思っていた犬の認識が、「この人は楽しく遊んでくれるし、嫌なことをしない」という認識に変化していけば、不安や緊張が支配する関係から、リラックスできる関係に変化していきます。飼い主も指示を出して、犬がそれを喜んで実行するという状況を繰り返すことで、安心感を得ることができます。

リラクゼーショントレーニングを通じた関係再構築は、攻撃行動改善のベースとなる取り組みです。

犬に選択肢を与えてストレス耐性を伸ばす

リラクゼーショントレーニングだけで攻撃行動が改善されれば良いのですが、強度の攻撃行動では、そうはいきません。特に回避行動のスパイラルが成立し、攻撃行動の負の強化の学習が進んだ状態では、リラクゼーショントレーニングをやっている時は良いですが、いざ何かしようとすると咬まれるという状態になり、結局飼い主も犬の攻撃を回避し続けなければなりません。

特に、リードの付け替え、抱っこ、体に触れることなど、日常生活のなかで必要不可欠な関わりの場面で攻撃行動が発生している時、避け続けることは困難になります。もちろん避けようとすれば避けられないことはないのですが、避け続けることで、回避行動のスパイラルが進み、できることがどんどん少なくなっていくことになりかねません。飼い主は、犬と平和に共生できてこそ、犬を飼う意味があります。犬を飼っていることで、犬の攻撃に怯え、犬に支配され続けることは幸せな関係とはいえません。

第5章でも述べたことですが、もう少し具体的に解説します。回避行動のスパイラルに陥っている場合、ここから抜け出すには、飼い主と犬双方のストレス耐性を鍛えていく必要があります。

ストレス耐性を伸ばすことは、ただ単にストレスを与えることではありません。回避できないストレスは、むしろストレス反応を増強したり、抑うつ状態を引き起こします。ストレス耐性を伸ばすためのトレーニングでは、ストレスから逃れる適切な対処法も同時に用意しなければなりません。弱いストレスを与えつつも、同時に報酬を得られる別の行動を促し、犬に選択肢を与えないといけません。

たとえば、リードが張るだけで唸る犬に対してはどのようにストレス耐性を上げていくか考えていきましょう。リードにテンションが掛かった際、犬が取り得る方法は、リードをもっている飼い主から逃げようとする、リードに咬みついたりリードに手をかけて抵抗を示す、その場に留まる、飼い主に近づく（飼い主を見る）などの行動が考えられます。このなかで、逃げようとする、抵抗するというのは、リードのテンションから逃げようとする回避行動です。

そこで、リードに犬が回避行動を示さない程度の弱いテンションを掛け、テンションが掛かった時に飼い主のほうを見るとオヤツがもらえるというトレーニングを先に入れておきます。そうすると、犬は、リードにテンションが掛かった時に、逃げたり抵抗を示したりするか、飼い主を見るか選べるわけですが、抵抗すれば余計にストレスがかかる一方、飼い主を見ればオヤツをもらえる＝ストレスから逃れられるという状況が作られる、徐々に飼い主を見るほうを選択するようになります。

犬にストレスが掛かった時に、力ずくで逃げるという方法ではなく、協調的な方法でストレスを乗り越える方法を犬が理解すれば、犬はその方法を選択します。今までは攻撃行動がストレスから逃れる方法だったわけですが、トレーニングによって、ストレスからの適切な逃れ方を教えることで、犬が自主的に適切な行動を選択できるようになります。そして、適切な行動には報酬が与えられますから、「こういう対応でよかったのだ」という自信につながります。軽度のストレスを落ち着いた状態で切り抜けられた自信は、ストレス反応を減弱させ、落ち着いた行動を促すことにつながります。

実際の現場では、どの程度のストレスをかけるのかという点で、非常に慎重な判断が要求されますので、熟練の専門家の指導を仰ぐ必要があるでしょう。闇雲にストレスをかけることは虐待に繋がりかねません。その犬のレジリエンスで対応可能な範囲でストレスをかける必要があります。決して素人判断で行わず、必ず専門家の指導を仰ぐようにしてください。

回避行動のスパイラルを断つには、攻撃行動が発生しない程度の小さな刺激を与え、弱いストレス状態を作りだし、それを乗り越える経験を積ませることで、ストレス耐性を徐々に伸ばしていくということが大切です。

「かわいそう」に打ち克つ

犬のストレス耐性を伸ばすためには、実際のトレーニングの内容だけでなく、トレーニングを行う飼い主の考え方がとても重要です。

ストレスに耐える力を育むには、ストレスにさらす必要があります。攻撃行動を示す犬は、小さなストレスに過剰反応するようになった状態です。そうした犬にストレスを与えるわけですから、反応が大きいのです。獣医師やトレーナーが緩やかに小さな刺激を与えた場合でも悲鳴を上げることもあります。もちろん、ストレスの程度は調節しなければならないでしょうが、犬が全く嫌がらないということはなく、嫌がる行動を見せることもあります。

ハウスのトレーニングもストレスがかかる練習のひとつです。これまで自由だったのに行動を制限されることに嫌悪感を抱く犬も少なくありません。

ハウスのトレーニングを進める過程では、場合によってはハウスのなかから犬が吠えることもあるでしょう。「近所迷惑になるから」といって出してしまうと、犬は吠えれば出してもらえると学習して、嫌なこと、我慢ならないことは、自己主張して解決するという方法を教えてしまうことになります。

それに「近所迷惑になるから」というのは、飼い主さんの言い訳でもあります。「近所迷惑」という、一見飼い主自身ではどうしようもない理由で自分を納得させて、犬にかわいそうなことをしたくないという、本心を隠しているということもあるかもしれません。そして、犬にかわいそうなことをしたくないのは、自分が犬に嫌われたくないからであり、自分が嫌な人になりたくないからかもしれません。

大切なのは、飼い主が「最低限必要なことは、犬にとって多少嫌なことでも教える」という態度を持つことです。

犬がかわいそうだと思うこと自体は自然なことです。しかし、自分や家族や他人が咬まれているにもかかわらず、安全確保のために行動を制限することをかわいそうだと考えているのであれば、それは共生のバランスを欠いていると言わざるを得ません。

必要以上にかわいそうなことをする必要はありません。でも、犬のストレス耐性を育み、飼い主が犬のいいなりにならない程度にすべきでしょう。「犬が嫌がらなければできるのに」と考える飼い主もいるでしょう。しかし「犬が嫌がらないこと」と「犬が嫌がるようなことでも、本当に必要なことなら、飼い主が教えること」は、どちらが先ということはないのです。「飼い主が教える」からこそ、「犬が嫌がらない」のです。

今すぐに変えられるのは、犬の行動ではなく、飼い主さんの気持ちのほうです。共生のためには、時に犬に我慢を強いることも必要です。特に攻撃行動がある犬では、我慢してもらわなければ、場合によっては、人の命に関わります。変わるべきは、まずは飼い主の思い。飼い主の対応が変われば、犬もその状況に馴れていきます。

飼い主自身の恐怖心を置き去りにしない

飼い主の考え方や思いを変えるといっても、それは簡単なことではありません。特に、飼い主や家族が、犬に強い恐怖を感じている時、「飼い主さんやご家族が変わらないとダメです」と諭してもあまり意味がありません。飼い主さんの恐怖心が強ければ、そもそも行動修正法も実施が難しいでしょう。

「やらない飼い主・できない飼い主が悪い」という考え方は、飼い主さんの悩みに寄り添う考え方ではありません。当然、強い恐怖心がある状態では行動修正もうまくいきません。

　攻撃行動があまりにも強く、何度も咬まれている時、何針も縫っているような時、飼い主が犬に対して強い恐怖心を抱くのは当然です。犬歯が刺さるほど咬まれるのは、身体もそうですが、心にも深い傷を負います。犬との生活のなかで、大切にしてきた愛犬に、強く咬まれることほど辛いことはありません。咬まれるかもしれないという不安を感じながら生活し続ける家族のストレスは計り知れません。

　そういう状況に置かれた飼い主に提案したいことは、一時的な休息をとること、つまり、犬から離れることです。

　犬から離れるとは、犬をどこかに預けて、犬のいない生活を送ることです。咬まれるかもしれないという強い不安のなか、日々怖がりながら、機嫌を窺いながら、世話を行うことは、強いストレスを生みます。その状態が続くと、飼い主さんも犬に関して正常な判断ができなくなります。

　一度犬と離れて休息を取り、その間に専門家に相談して、今後の処遇を考えることが大切です。

「こんな咬む犬を預かってもらえる場所があるのか」「既に何か所も断られた」「車に乗せ

られないから連れていけない」という場合もあるかもしれません。実際に預かってくれる場所は多くありません。

ぎふ動物行動クリニックでも、強度の問題行動に対する一時的な預かりを行っていますが、攻撃行動があっても預かってくれるところは稀です。攻撃行動の緊急避難的一時預かりは、人と犬の共生を支えるサービスとして今後整備していかなければならない要素でしょう。

大切なことは、犬が怖いなら無理しないということです。飼い主さんももちろん努力する必要はあります。

しかし努力の前に、心を落ち着けることが必要な時があります。「こんな咬む犬を育てた飼い主が悪い」といわれることがあるかもしれませんが、本書でも述べてきたように、飼い主の育て方だけで犬が咬むわけではありません。さまざまな要因が絡み合って、咬むという行動を形成しています。今の状況を客観的に把握して、ベターな選択をするためには、飼い主さんにも休息が必要だということを忘れないでください。

犬歯を削るという選択肢

咬み付きの被害が大きく、飼い主の恐怖心が強い時や、家族に子どもや高齢者がいて、大きな事故につながるリスクが高い時などは、犬歯を削るということも視野に入れておいたほうがいいでしょう。

もちろん、犬歯を削らなくても安全確保ができるなら、その方法は取らないほうが犬のためです。犬歯を削るという判断は、飼い主さんの安心感のためです。犬歯を削ることで家族が安心できるのであれば、選択肢のひとつにあってもいいでしょう。

しかし、犬歯を削ることは、根本的な解決にはならないと覚えておかなければなりません。攻撃行動を防いでいるわけではなく、攻撃された時の被害を少なくしているだけです。裂傷を防ぐことはできますが、圧迫を防ぐことはできません。咬まれれば傷は負わずとも打撲のようになることもあります。そして、一度削った犬歯は元に戻すことはできません。

結局、人と犬が共生していくためには、双方のバランスがとれなければなりません。犬歯を削られるのは、犬にとっては迷惑なことでしかありません。しかし、それをしなければ飼えない、安楽殺せざるを得ないという状況もあります。もちろん、安楽殺も選択肢のひとつです。ただ、安楽殺ほど倫理観を問われる選択肢はありません。

犬歯を削ることは積極的にお勧めはできませんが、メリットとデメリットを比較して、どうしても必要なら、獣医さんに相談してみるのも良いでしょう。

トレーナーや獣医師の力を借りながら

ここまで、私が現場でトレーナーの力を借りながら提供している内容をご紹介してきました。身体的疾患の除外、薬物療法、行動修正法、ストレス耐性を付けること、飼い主の対応を変えること、場合によっては犬歯を削るなどの外科療法等、これらの方法は一般的に攻撃行動に有効ですが、それぞれの状況ごとに必ずしもうまくいくわけではありません。

薬物療法では奏功しない症例があることは事実ですし、行動修正法も実施者は飼い主になりますから、うまく実施できないこともあります。何より、犬に対して強い恐怖を抱いているなかで行動修正を行うというのは、飼い主にとって大きな苦痛です。

恐怖心が強く、改善に取り組めないという状況の飼い主を救う方法として、いわゆる訓練所に預ける預託訓練は、忘れてはならない存在です。預託訓練なら、犬と一時的に離れることができます。預託訓練は、飼い主の救いになります。

預託訓練とは、一定期間犬を預けて訓練するという方法です。先にも述べたように攻撃行動のある犬を、一定期間預かってくれるということは、飼い主にとってとても重要なニーズです。そしてその期間を通じて、一般的なトレーニングや、ストレス耐性を伸ばすトレーニングをしてもらうことができるわけです。

「訓練所は体罰を用いるから使うべきじゃない」という意見もあります。しかし、預託訓練で必ずしも恐怖を伴うような体罰を用いるわけではありません。個々の訓練所の方針にもよりますが、それは飼い主がしっかりコミュニケーションをとって、訓練の方針を確認することで防ぐことができるでしょう。

「飼い主は変わらないのだから戻ってきたら同じではないか」という指摘もあります。犬の行動は犬と飼い主の相互関係でつくられていますので、もちろん飼い主が変わらなければ犬も元の状態に戻ります。そのため、訓練所に出しているあいだに、飼い主も学んで、飼い主も一緒に変わっていく必要があります。日々の生活に恐怖を感じている状況では難しくとも、犬と離れ、落ち着いた心でなら、自分自身の行動を問い直す機会を持てるのではないでしょうか。

特定の手法が万能ということはありません。飼い主や犬の状況、家庭環境によって選ぶべき選択肢は変わってきます。本当に追い詰められている、本当に危険度が高いという場合は、預託訓練という選択肢も考慮に入れて、対策を考えるべきです。

「安楽殺」という最後の選択肢

愛犬に咬まれることは飼い主の体にも心にも深い傷を与えます。そして、犬にとっても飼い主を咬んでいる状況は、決して快適な状況とは言えません。このような場合、飼い主にとって重い決断をしなければならないこともあります。

散歩に行く、フードを与える等、生活上どうしても必要な関わりをしている際に、現実的に実施できる対策を全ておこなっても、飼い主が咬まれる頻度が減らない、血が出る、縫うほどの怪我をするという状況もありえます。

その時に取り得る選択としては、2つあります。ひとつが頑丈な檻を用意し、フードは投げ入れ、排泄は水で洗い流し、散歩には行かず、檻のなかに入れたままにするというもの。犬のQOL（生活の質）は破滅的なものになりますが、犬との直接的な接触がなければ咬まれることはないと考えていいでしょう。しかしながら、それは究極的な飼い主のエゴといえます。犬はそんな生活は望んでいないでしょう。

そしてもうひとつが、安楽殺です。苦痛を伴う生であれば、安楽のうちにその生を終わらせたほうが良いのではないかと考えた時、取り得る選択肢です。

日本人は元々八百万《やおよろず》の神を信仰し、生命そのものの尊厳を重視する文化があります。犬の生活の質よりも、犬の天寿を全うさせることに重きを置く傾向の強い社会です。そのため、日本では、海外に比べ、介護が必要な犬に対して安楽殺をすることが少ないといわれています。

重度の攻撃行動、何をやっても改善できない攻撃行動をもった犬がいた時に、苦痛に満ちた生を全うさせることを選ぶか、安楽殺を選ぶか、その判断は非常に難しいものです。人の安全と動物福祉の観点からみれば、安楽殺が妥当という場合は実は少なくありません。適切なケアができず、動物福祉を確保できず、苦痛を取り除くことができないのであれば、安楽殺を現実的に考えていくべきです。

私自身は、問題行動を理由に安楽殺したことは、これまでに一度もありません。ただし、これはただの巡り合わせだと思っています。そして、日本の文化背景も含めた、人と犬の共生の観点から見て、必要な場合には安楽殺するという選択肢をもって診察に当たっています。

安楽殺という決断は重いです。全国の保健所・動物愛護センターでは、殺処分数は急激に減少し、殺処分ゼロの自治体が増えてきました。その一方で、攻撃行動を理由に譲渡できない犬が長期間施設内で収容されるという事態も発生しています。保健所やNPOへの犬の引取依頼の5~15%程度は問題行動を原因としたものです。そして、最終的に殺処分するのは、保健所の獣医師です。

私も獣医師です。大学で解剖学研究室に所属していました。2年次に行った解剖学実習で使う標本は、実験動物のビーグルでした。生きているビーグルを殺して、標本にする作業は、研究室の教員と、私も含めた研究室の5・6年次の学生が行いました。准教授の先生が麻酔薬を過量投与するために、私はビーグルたちを保定し、その年に使う、5~6頭のビーグルを安楽殺しました。身体的に健康でまだ寿命の長い犬を安楽殺するのは誰もやりたくない仕事のひとつです。

保健所で殺処分業務に携わる獣医師は、本当に辛い仕事をずっと繰り返してきたと思います。問題行動があって飼えないと判断をした時、保健所に持ち込めば、その後、保健所の獣医師が安楽殺してくれるかもしれません。飼い主は、保健所に対し、命に対する責任を投げたことになるでしょう。

そして、保健所では、安楽殺をするか、しないかの判断を行い、命への責任を負うことになります。

繰り返しになりますが、安楽殺をさせることは重い決断です。問題行動を理由にした安楽殺について、絶対的な基準があるわけではありません。どのような状況に置かれた場合に安楽殺すべきなのかということは、一律に答えを出すことは難しいと思います。犬の問題行動だけでなく、飼い主の状況や家庭環境を含めて、個々の状況を鑑みて、安楽殺が最適であると判断した場合に実施されるべきです。

安楽殺の判断をすることができるのは獣医師だけですから、獣医師にはその責務があります。

そして、飼い主にもその判断に携わる責任があります。保健所に任せれば、安楽殺の判断に飼い主が関わることはなくなります。動物病院で安楽殺するならば、飼い主と獣医師がよく相談し、決めることができます。

犬を飼う責任の中心として、終生飼養があります。これは、動物愛護管理法にも謳われている、飼い主の責任です。

強い攻撃行動に悩まされる飼い主さんは、全体から見れば必ずしも多くはありません。しかし、家庭に迎えた時点で既に難しい気質をもっている犬もいて、そうした犬がたまたま自分の元に来る可能性もあります。つまり、誰にでも攻撃行動に悩まされる可能性があるのです。

診察の中でも、生後3カ月で、すでに飼い主さんが血だらけになるくらい咬む犬の相談も来ます。犬を飼うというのは、そうしたリスクを含めて、命を預かるということです。そして、飼い主の責任は、その命を最期まで見届けるということです。

同時に、飼い主さんには、自分自身を守る責任、家族を守る責任、他人を守る責任があります。その責任を果たすために、犬を安楽殺するという判断が必要になるかもしれない。そのつもりで犬を迎えることも、命を守るうえで必要なことなのではないかと私は思います。

本章のまとめ

本章では、深刻な攻撃行動への対応について、ご紹介してきました。最後は重たい話になってしまいました。しかし、攻撃行動の発達を未然に防ぎ、攻撃行動が発生しても早い段階で適切な対応を行えば、辛い選択をする必要はないでしょう。ここで紹介した概念は、攻撃行動発生後の対応として一定の効果があるでしょう。

しかし、残念ながら、本を読んだからできるというものではありません。必ず、獣医行動診療科認定医をはじめとした専門家への相談をして、適切な治療と、適切な指導者からの指導を受けてください。飼い主さんがなんとなく判断したことが、問題を悪化させていくというリスクは高いです。専門家への相談こそが、深刻な攻撃行動に対する最善の対処法です。

おわりに ―― 犬と人の共生のために

私は、行動学を専門とする獣医師として、トレーナーと二人三脚で、問題行動の改善にあたってきました。この本を執筆している今も多くの飼い主さんから相談が寄せられています。

共に活動するトレーナーや飼い主さん、そして犬たちから教えられたことはたくさんあり、本書で紹介している概念の多くが、どうやって問題行動を改善していくかという、トレーナーとの取り組みのなかで学んできたものです。

犬と人の共生のために何が大切なんだろう？　と思った時に、トレーナーから教えてもらった一番大切なことは、「自分を改善する」ということです。相手を変えようとしても、そう簡単には変わりません。でも、自分の行動は、自分の意識で変えていくことができます。

私たちが運営している、ドッグ&オーナーズスクール ONE Life のコンセプトは「飼い主が学ぶ」です。飼い主が学べば、犬と人の関係づくりについて、その家庭にとってベターな選択をすることが可能になります。

本書は、犬が学習するための本ではありません。犬は文字が読めないですからね。飼い主が学ぶための本です。

飼い主が学び、人と犬の共生のために、自分のアプローチをどう改善できるか、少しでもそれに気づく・考える機会を作れたのであれば、本書がお役に立てたのではないかと思います。

最後に、問題行動の解決のための情報・技術は日々進化しています。本書が世に出たあとで、思いもよらない方法が確立されるかもしれませんし、今までの認識が全くひっくり返る可能性もあります。そのため、常に学び続けるしかないと思っています。

本書を読んでいただいた皆様と共に、私自身学びを深めていきたいと考えておりますし、今後も現場を中心に学びを深め、講演活動やＷＥＢで情報発信を行ってまいりたいと思います。

どうぞ、これからも学びあいの同志として、お付き合いいただければ幸いです。読者の皆様とまたお会いできる日を楽しみにしております。

参考図書一覧

- 日本の犬／菊水健史ら著／東京大学出版会／2015
- 犬はあなたをこう見ている —最新の動物行動学でわかる犬の心理／Bradshaw J 著（西田美緒子訳）／河出書房新社／2012
- 動物が幸せを感じるとき 新しい動物行動学でわかるアニマル・マインド／Grandin T, Johnson C 著（中尾ゆかり訳）／NHK出版／2011
- 犬のココロをよむ—伴侶動物学からわかること／菊水健史、永澤美保著／岩波科学ライブラリー／2012
- はじめてでも失敗しない愛犬の選び方—室内犬から大型犬まで、性格と飼い方がよくわかる／武内ゆかり著／幻冬舎／2007
- イヌの動物行動学／行動、進化、認知／Miklosi A 著（藪田 慎司ら訳）／東海大学出版部／2014
- 動物行動学－獣医学教育モデル・コア・カリキュラム準拠／森裕司ら著／インターズー／2012
- 臨床行動学－獣医学教育モデル・コア・カリキュラム準拠／森裕司ら著／インターズー／2013
- こころのワクチン／村田香織著／パレード／2011
- ザ・カルチャークラッシュ—ヒト文化とイヌ文化の衝突 動物の学習理論と行動科学／Donaldson J 著（水越美奈監修）
- レッドハート／2004／2013・ドメスティック・ドッグ—その進化・行動・人との関係／Serpell J 編（森裕司監修）／チクサン出版社／1999
- ストール精神薬理学エセンシャルズ 神経科学的基礎と応用 第4版／仙波純一ら監訳／メディカルサイエンスインターナショナル／2015
- 小動物臨床のための5分間コンサルタント 犬と猫の問題行動 診断・治療ガイド／

Horwitz DF, Neilson JC 著（武内ゆかり、森裕司監訳）／インターズー／2012

- 脳とホルモンの行動学—行動神経内分泌学への招待／近藤保彦ら編／西村書店／2010
- 獣医精神薬理学／Crowell-Davis SL 著（小久江栄一訳）／ファームプレス／2007
- 臨床獣医師のためのイヌとネコの問題行動治療マニュアル／武内ゆかり、森裕司著／ファームプレス／2006
- 動物行動医学—イヌとネコの問題行動治療指針／Overall KL 著（森裕司監訳）／チクサン出版社／2004
- 学習の心理／実森正子、中島定彦著／サイエンス社／2000
- 行動分析学入門／杉山尚子ら著／産業図書／1998
- 臨床心理学101号（17巻第5号）レジリエンス／石塚琢磨編／金剛出版／2017
- 齧歯類を用いたストレスレジリエンスの生物学的メカニズムに関する研究の概観／筑波大学心理学研究50号／上野将玄、一谷幸男、山田一夫著／2015
- てんかんが関与する行動異常／荒田明香著／Small Animal Clinic No.181／2016
- セロトニンと神経細胞・脳・薬物／鈴木映二著／星和書店／2000
- 不安な脳－不安障害を効果的に治療するための神経生物学的基礎／M・ヴェーレンバーグ、S・M・プリンツ著（貝谷久宣、福井至監訳）／日本評論社／2012
- ストレス診療ハンドブック第2版／河野友信ら編／メディカル・サイエンス・インターナショナル／2003
- トラウマティック・ストレス－PTSDおよびトラウマ反応の臨床と研究のすべて／B・A・ヴァン・デア・コルク、A・C・マクファーレン、L・ウェイゼス編（西澤哲監訳）／誠信書房／2001
- 非行と反抗がおさえられない子どもたち／富田拓著／合同出版／2017
- 愛情という名の支配 新装版／信田さよ子著／海竜社／2013

奥田順之

（おくだ・よりゆき）

獣医行動診療科認定医／
ぎふ動物行動クリニック院長／
特定非営利活動法人
人と動物の共生センター理事長

犬猫の殺処分問題の解決を目指し、2012年NPO法人を設立。犬と人の関係性改善に向け、ドッグ＆オーナーズスクールONElife設立。2014年ぎふ動物行動クリニック開業。スクール全体で年間約3800組（のべ数）の犬と飼い主の指導を実施。行動診療では、年間約100例の新規相談があり、トレーナーと連携した問題行動の治療を行っている。問題行動の根本はペット産業の繁殖・育成にあると考え、ペット産業のCSRの推進にも力を入れている。著書に『ペット産業CSR白書』（特定非営利活動法人人と動物の共生センター）がある。

STAFF
装丁･本文デザイン　森田直／積田野麦（FROG KING STUDIO）
図版作成・DTP　Sun Creative
イラスト　佐原苑子
校正　玄冬書林
編集協力　渡邉哲平
編集　大井隆義（ワニブックス）

“動物の精神科医”が教える
犬の咬みグセ解決塾

著者　奥田順之

2018年10月5日　初版発行
2022年11月20日　4版発行

発行者　横内正昭
編集人　青柳有紀
発行所　株式会社ワニブックス
〒150-8482
東京都渋谷区恵比寿4-4-9えびす大黒ビル
電話　03-5449-2711（代表）
03-5449-2716（編集部）
ワニブックスHP　http://www.wani.co.jp/
WANI BOOKOUT　http://www.wanibookout.com/

印刷所　株式会社 光邦
製本所　ナショナル製本

ISBN 978-4-8470-9723-2